# Über einige Semicarbazone der Fettreihe.

Inaugural-Dissertation

zur

Erlangung der Doktorwürde

der

**hohen philosophischen Fakultät**

der

Kgl. bayer. Ludwig-Maximilians-Universität zu München

vorgelegt von

**Georg Foucar**

**aus Frankfurt a. M.**

München

Druck von Val. Höfling, Kapellenstrasse Nr. 3

1898.

Meinen Eltern

in Liebe und Dankbarkeit gewidmet.

Es sei mir an dieser Stelle gestattet, Herrn Professor Dr. Johannes Thiele, unter dessen anregender Leitung vorliegende Arbeit ausgeführt wurde, sowie Herrn Geheimrat Professor Dr. A. v. Baeyer für das meinen Studien entgegengebrachte Interesse meinen wärmsten Dank auszusprechen.

# Inhalt.

# Theoretischer Teil.

Aldehyde und Ketone, sowie Aldehyd- und Ketonsäuren zeichnen sich durch ungemeine Reaktionsfähigkeit aus. Früher benutzte man zu deren Abscheidung und Charakterisierung vorzüglich die Alkalibisulfit- und Hydroxylaminverbindungen. Seit der einschlägigen Arbeit von E. Fischer[1]) über die Phenylhydrazone und der von Curtius[2]) über die Benzhydrazide und Nitrobenzhydrazide verwandte man auch mit Vorliebe diese Verbindungen zur Identifizierung von Aldehyden und Ketonen. Da jedoch diese Kondensationsprodukte manchmal Mangel an Krystallisationsfähigkeit zeigten, hat Baeyer[3]) zum ersten Male, auf Vorschlag Thieles, Amidoguanidin und Semicarbazid zur Abscheidung von Terpenonen mit Erfolg angewandt. Da es Thiele und Heuser[4]) gelungen ist, durch Reduktion von Nitroharnstoff das Semicarbazid zu einer leicht erhaltbaren Substanz zu machen, so eignet sich besonders das letztere zur Identifizierung von Aldehyden und Ketonen, umsomehr, als die Semicarbazone meistens leicht durch Mineralsäuren in die Komponenten gespalten werden.

In vorliegender Arbeit wurde auf Veranlassung von Thiele eine Anzahl von Aldehyden, Ketonen und Ketonsäuren der Fettreihe der Kondensation mit Semicarbazid unterworfen und die Annahme bestätigt gefunden, dass die Semicarbazone wohl charakterisierte und gut krystallisierte Körper sind.

Das Semicarbazid kommt als Chlorhydrat zur Verwendung und wird vor dem Vereinigen mit der berechneten Menge des Aldehyds

1) Ber. 17, 572.

2) J. f. pr. Chem. 51, 165.

3) Ber. 27, 1918.

4) Ann. 288, 311.

oder Ketons in wässriger, beziehungsweise alkoholischer, Lösung nach der von Baeyer[1]) gegebenen Vorschrift durch Alkaliacetat in Semicarbacidacetat umgesetzt. Meistens tritt selbständige Erwärmung ein und das Semicarbazid fällt nach kurzer Zeit aus; manchmal wärmt man besser auf dem Wasserbad etwas an, um die Reaktion einzuleiten. Die Reaktion zwischen Aldehyd oder Keton und Semicarbazid vollzieht sich unter Wasseraustritt nach dem einfachen Schema:

$$R.CHO + NH_2.NH.CO.NH_2 = H_2O + R.CH{=}N.NH.CO.NH_2$$

oder

$$\begin{matrix}R\\R\end{matrix}\!\!>CO + NH_2.NH.CO.NH_2 = H_2O + \begin{matrix}R\\R\end{matrix}\!\!>C{=}N.NH.CO.NH_2.$$

Fast alle Semicarbazone sind in Wasser schwer löslich oder unlöslich. Durch verdünnte Mineralsäuren werden sie beim Erwärmen meist glatt in die Komponenten gespalten.

Curtius und Heidenreich[2]) sowie Thiele und Stange[3]) haben den Zerfall des freien Semicarbazids in Hydrazin und Hydrazodicarbonamid beobachtet:

$$2NH_2.NH.CO.NH_2 = NH_2.CO.NH{-}NH.CO.NH_2 + N_2H_4.$$

Analog diesem Zerfall ist die Bildung eines Ketazins aus einem Semicarbazon. Das auf oben angegebene Weise erhaltene Methyläthylketonsemicarbazon wurde der trockenen Destillation unterworfen. Bei 162—170° ging eine Flüssigkeit über, die wegen Mangel an reiner Substanz nicht analysiert werden konnte. Sie wurde jedoch für identisch gehalten mit dem früher von Curtius und Thun[4]) durch Einwirkung von Hydrazinhydrat auf Methyläthylketon dargestellten Bismethyläthylazimethylen, da der bei der Destillation im Kölbchen verbliebene Rückstand aus Hydrazodicarbonimid und wenig Hydrazodicarbonamid bestand. Der Rückstand war grossenteils in Wasser löslich, und die beim Eindampfen des Filtrats erhaltenen Krystalle zeigten den Schmp. 244—245° des Hydrazodicarbonimids. Der Rückstand vom Filtrat konnte leicht als Hydrazodicarbonamid erkannt

---

1) Ber. 27, 1918.
2) Ber. 27, 56.
3) Ann. 283, 21.
4) J. f. pr. Chem. 44, 164.

werden durch die Thiele'sche[1]) Überführung des Hydrazodicarbonamids in Azodicarbonamid (orangerotes Pulver) vermittelst Oxydation mit einer schwefelsauren Lösung von Kaliumdichromat. Die Reaktion bei der trockenen Destillation des Methyläthylketonsemicarbazons liess sich demnach durch die Gleichung darstellen:

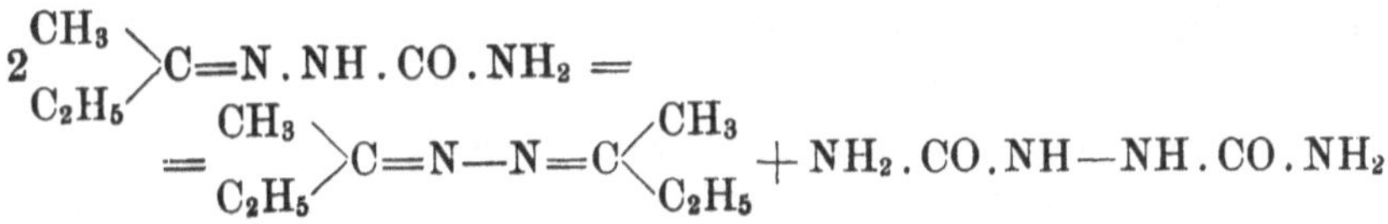

und

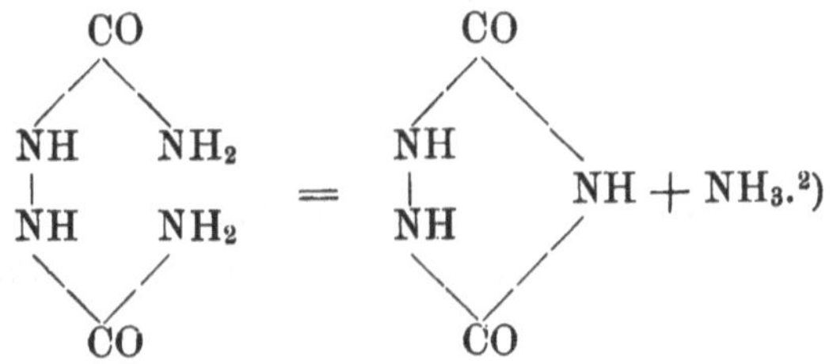

Kurze Zeit darauf wurde diese Annahme durch eine Arbeit von Scholtz[3]) bestätigt, der es durch einige weitere Versuche wahrscheinlich gemacht hat, dass alle Semicarbazone der niedrig molekularen Ketone in obigem Sinne in das entsprechende Ketazin und Hydrazodicarbonimid gespalten werden.

Mesityloxydsemicarbazon vom Schmp. 156—158° hat die Formel

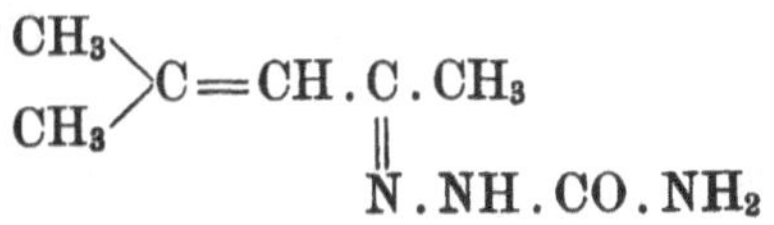

Nahm man nach dem Erstarren des geschmolzenen Semicarbazons den Schmp. nochmals, so erhielt man einen solchen von 128—129°. Da bei einem Versuche im Reagierrohr keine Gasentwicklung nachgewiesen werden konnte, so lag die Vermutung nahe, dass eine Umlagerung, beziehungsweise Polymerisation, stattgefunden habe. Bei der trocknen Destillation des Mesityloxydsemicarbazons ging nun bei 212—213° eine Flüssigkeit über, die in der Vorlage in derben Krystallen erstarrte. Sie ergaben den Schmp. 128—129°, und die Analyse

1) Ann. 271. 129.
2) Ann. 283, 18.
3) Ber. 29, 610.

zeigte dieselben Werte wie das bei 156—158° schmelzende Semicarbazon. Scholtz hat in der oben zitierten Arbeit diese Angaben bestätigt und ferner noch durch Molekulargewichtsbestimmung nachgewiesen, dass Isomerie und nicht Polymerie vorliegt. Er hat es auch als wahrscheinlich hingestellt, dass Strukturisomerie und keine Stereoisomerie vorliege, da die bei 156—158° schmelzende Modifikation sich durch Säuren in die Komponenten zerlegen lässt, während dies bei der bei 128—129° schmelzenden nicht gelingt.

Phoron wurde mit Semicarbazid condensiert, und man erhielt ein Semicarbazon vom Schmp. 231°. Die Analyse zeigte, dass ein Molekül Phoron mit zwei Molekülen Semicarbazid unter Austritt von einem Molekül Wasser reagiert hatte. Ein Versuch mit berechneten Mengen ergab eine quantitative Ausbeute an Semicarbazon.

Ammoniak reagiert mit Aceton unter Bildung von Acetonaminen. Heintz[1]) hat in seiner Arbeit über die Ammoniakderivate des Acetons für das Triacetonamin folgende Strukturformel aufgestellt:

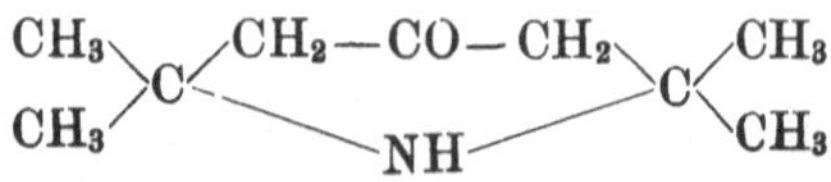

Harries[2]) hat mitgeteilt, dass die Acetonbasen mit Hydroxylamin leicht unter Wasseraustritt zusammentreten zu Oximen:

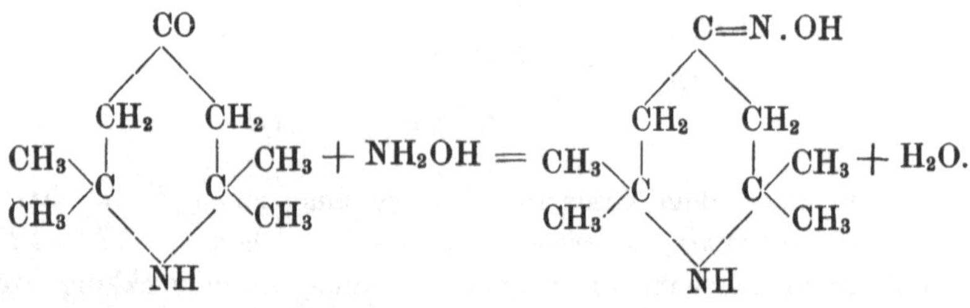

Setzt man nun für das Phoron die jetzt allgemein angenommene, von Claisen und Heintz aufgestellte, symmetrische Struktur voraus, so erscheint das Phoronsemicarbazon als ein substituiertes Derivat des Triacetonamins. Der Verlauf der Reaktion lässt sich in

1) Ann. 174, 133.

2) Ber. 29, 521.

zwei Phasen darstellen. Erst geht unter Auflösung der doppelten Bindungen des Phorons und Besetzung der freigewordenen Valenzen durch die Amidwasserstoffe eines Moleküls Semicarbazid die Bildung des substituierten Triacetonamins vor sich, und dann tritt, analog der Oximbildung, die Wasserabspaltung zwischen dem Triacetonamin und einem zweiten Molekül Semicarbazid ein:

I.

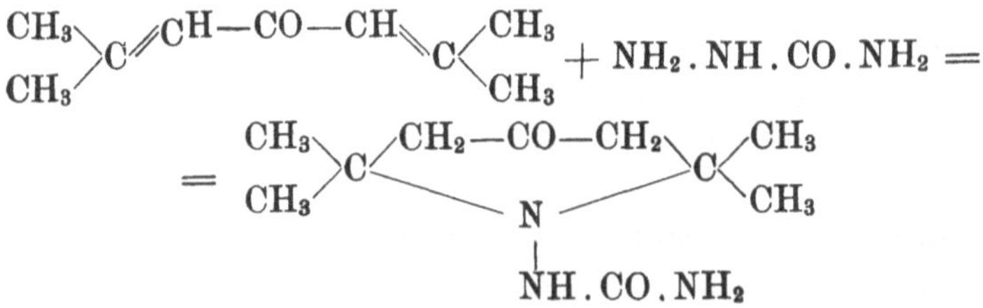

II.

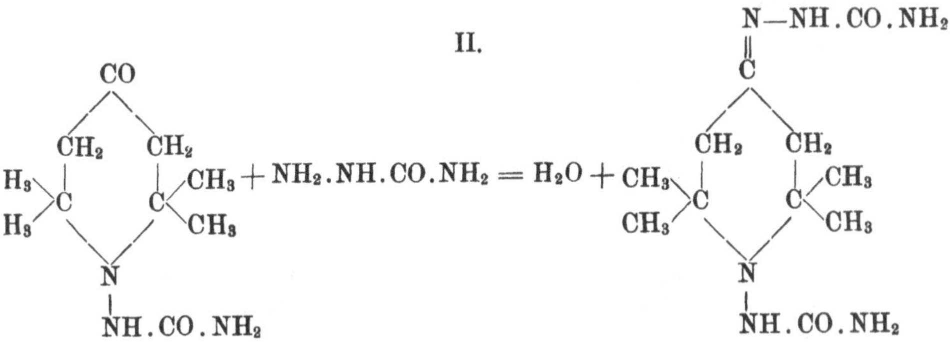

So wahrscheinlich diese Formel für das Kondensationsprodukt von Phoron mit Semicarbazid erscheint, so spricht doch der Umstand dagegen, dass der Körper beim Erwärmen mit verdünnten Mineralsäuren oder Ätzalkalien den deutlichen Geruch des Phorons erkennen lässt, dass der angenommene Ring also wieder aufgespalten wird.

Triacetonamin wird beim Erhitzen mit Salzsäure (vom spez. Gewicht 1,17) auf 130$^{0}$ unter Bildung von Diacetonamin und Ammoniak [1]) gespalten. Erwärmt man das Triacetonamin mit rauchender Salzsäure auf 160$^{0}$, so tritt Bildung von Dehydropentacetonamin ein. Bei beiden Reaktionen wurde auch das Entstehen von Mesityloxyd konstatiert. Es kann daher sein, dass bei der vorliegenden Spaltung

1) Ann. 181, 70.

des Phoronsemicarbazons Phoron, das sich bekanntlich durch sehr intensiven Geruch auszeichnet, nur in geringer Menge entstanden ist. Da andere Spaltungsprodukte nicht isoliert und untersucht wurden, muss also die Konstitutionsfrage des Phoronsemicarbazons noch offen gelassen werden. Einen bequemen Weg, darüber Aufschluss zu erhalten, dürfte vielleicht wieder die trockene Destillation bieten, da das Semicarbazon beim Erhitzen für sich im Reagensrohr unter Gasentwicklung einen weissen krystallinischen Rückstand hinterlässt.

Es wurde nun zum Vergleiche mit dem Semicarbazon das Phenylhydrazon des Phorons, welches meines Wissens noch nicht bekannt ist, dargestellt. Das Reaktionsprodukt ist ein gelber, krystallinischer Körper, dessen Analyse das sonderbare Resultat ergab, dass ein Molekül Phoron mit drei Molekülen Phenylhydrazin unter Austritt von einem Molekül Wasser reagiert hatte. Nimmt man bei der Kondensation wieder eine Auflösung der doppelten Bindungen des Phorons wie vorher an, so kann man für das Phoronphenylhydrazon folgende Strukturformel aufstellen:

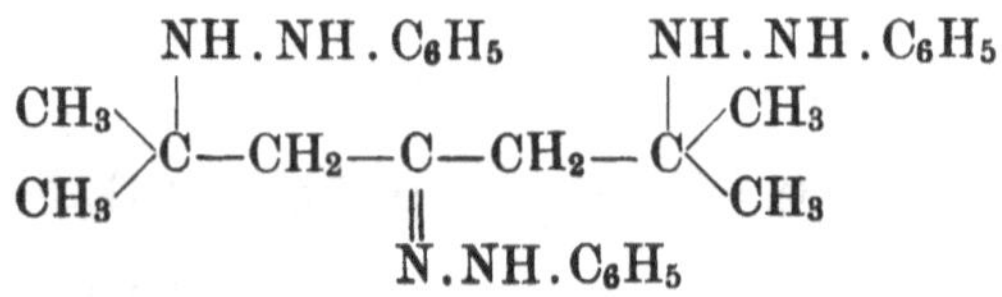

Dieser Körper spaltet mit Leichtigkeit beim Erwärmen mit verdünnten Mineralsäuren Phenylhydrazin ab, ohne jedoch den Geruch von Phoron erkennen zu lassen. Es ist nicht gelungen, aus dieser Verbindung durch Oxydation einen Azokörper zu erhalten, sowie auch Abbauversuche fehlschlugen. Ferner ist es bisher nicht geglückt nachzuweisen, ob ein Kondensationsprodukt mit einem oder zwei Molekülen Phenylhydrazin existenzfähig ist. Das beschriebene Phenylhydrazon ist bei längerem Stehen an der Luft zersetzlich. Überhaupt scheint ein Teil des Phenylhydrazins sehr lose mit dem Phoron verbunden zu sein.

Der Versuch, Aldol mit Semicarbazid zur Reaktion zu bringen, gelang nur insofern, als sich die Flüssigkeit beim Stehenlassen gelb und später braun bis schwarz färbte. Aus dem frisch bereiteten Aldol krystallisierten nach einigen Wochen schöne weisse Krystalle von Paraldol aus. Den Schmp. des Paraldols hat Wurtz[1]) zwischen 80 und 90° angegeben. Die hier erhaltenen Krystalle zeigten nach

1) Jahresber. 1876, 483.

längerem Waschen mit Äther oder nach der Krystallisation aus Benzol den Schmp. 90—100°. Die Analyse ergab sehr gute Zahlen für Aldol. Da die angestellten Molekulargewichtsbestimmungen sehr wechselnde Werte lieferten, so glaubte ich, durch das Semicarbazon des Paraldols vielleicht auf dessen Molekulargrösse zu kommen. Leider wurde diese Hoffnung nicht erfüllt, da sich bei der Kondensation statt des erwarteten Paraldolsemicarbazons das Crotonaldehydsemicarbazon bildete. Es ist also bei der Kondensation ausser der Wasserabspaltung zwischen Aldol und Semicarbazid noch ein intramolekularer Wasseraustritt erfolgt, der dem leichten Übergang des Aldols in Crotonaldehyd entspricht:

$$(CH_3.CH(OH).CH_2.CHO)_x + x.NH_2.NH.CO.NH_2 = \\ 2xH_2O + xCH_3.CH{=}CH{-}CH{=}N.NH.CO.NH_2.$$

Das Crotonaldehydsemicarbazon wurde auch aus Semicarbazid und Crotonaldehyd in quantitativer Ausbeute gewonnen.

Von den Ketonsäuren wurden mit Semicarbazid kondensiert: Brenztraubensäure, Lävulinsäure, Acetessigsäuremethylester, Methylacetessigsäureäthylester, Diäthylacetessigsäureäthylester und Diacetbernsteinsäurediäthylester.

Mit dem Brenztraubensäuresemicarbazon wurden keine weiteren Versuche angestellt. Ein mit diesem Semicarbazon identisches Produkt hat Bailey[1]) durch Oxydation der Semicarbazidpropionsäure erhalten. Er veranschaulicht den Verlauf der Reaktion durch das Schema:

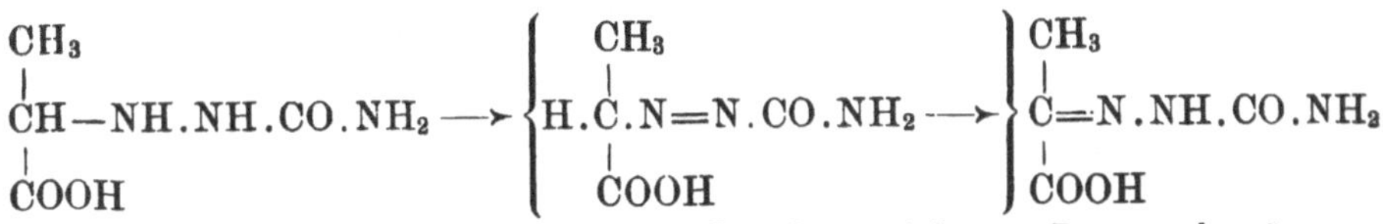

Semicarbazidpropionsäure. Hypotet. Zwischenprodukt. Brenztraubensäuresemicarbazon.

Das Lävulinsäuresemicarbazon ist in derben Krystallen vom Zersetzungspunkt 182° erhältlich.

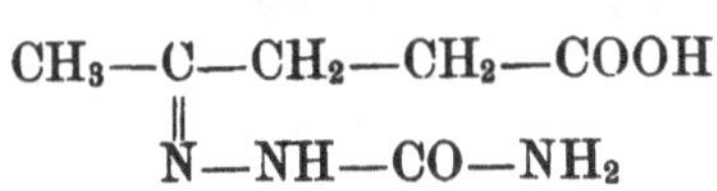

1) Bailey, Dissert. 1897.

Erhitzt man diesen Körper über den Schmelzpunkt hinaus, so bemerkt man eine Entwicklung von Ammoniak und Kohlensäure. Erhitzt man das Lävulinsäuresemicarbazon so lange, bis keine Gasentwicklung mehr stattfindet, so erhält man aus dem Rückstand bei der trocknen Destillation eine Flüssigkeit, die zu wasserhellen feinnadligen Krystallen erstarrt. Der Körper ist in Wasser leicht löslich und zeigt aus Benzol umkrystallisiert den Schmp. bei ungefähr 90°. Ein glatter Schmelzpunkt wurde auch nach öfterem Umkrystallisieren nicht erzielt. Die Analyse ergab die empirische Formel $C_5H_8N_2O$.

Bei der Einwirkung von Hydrazin auf γ-Ketonsäureester bilden sich sechsgliedrige stickstoffhaltige Ringe, welche als Pyridazinone, früher als Pyridazolone bezeichnet wurden. So hat Curtius[1]) aus dem Lävulinsäurehydrazid $CH_3.CO.CH_2.CH_2.CO.NH.NH_2$ durch Erhitzen über den Schmelzpunkt hinaus ein Anhydrid gewonnen, welchem er ringförmige Konstitution zugeschrieben hat:

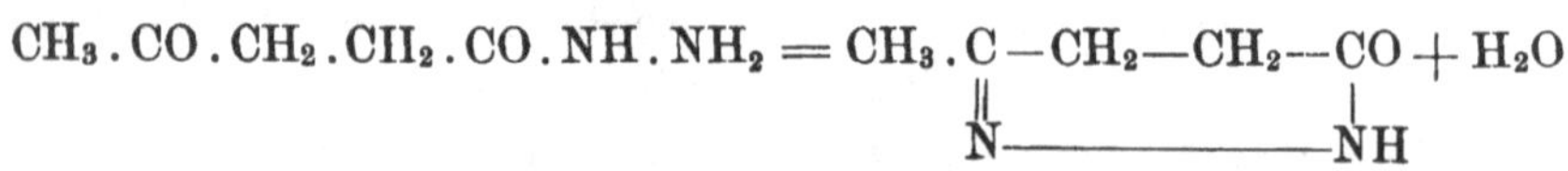

Dieses Hydrazinlävulinsäureanhydrid ist demnach das (3)-Methylpyridazinon und identisch mit dem von mir aus Lävulinsäuresemicarbazon erhaltenen Produkt, das die empirische Formel $C_5H_8N_2O$ durch die Analyse ergeben hatte. Der Vorgang ist vollkommen analog der obigen Anhydridbildung:

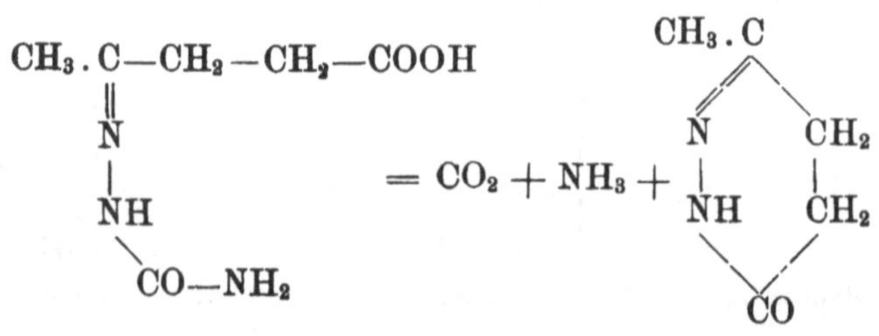

Während die γ-Ketonsäureester mit Hydrazin, bezw. Semicarbazid, also derartige sechsgliedrige Ringe zu schliessen imstande sind, die man als Abkömmlinge des Pyridazinons auffassen kann, geben die β-Ketonsäureester mit Hydrazin Ringe, die um ein Kohlenstoffatom weniger enthalten und somit als Pyrazolonderivate erscheinen.

1) J. f. pr. Chem. 50, 522.

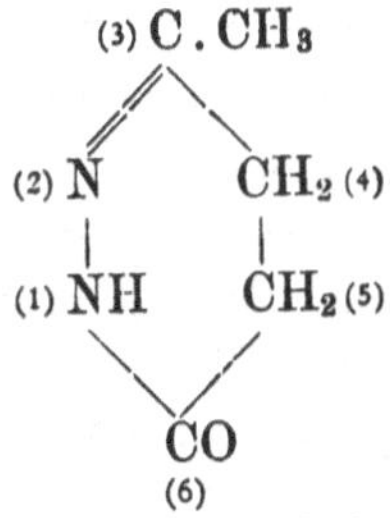

und

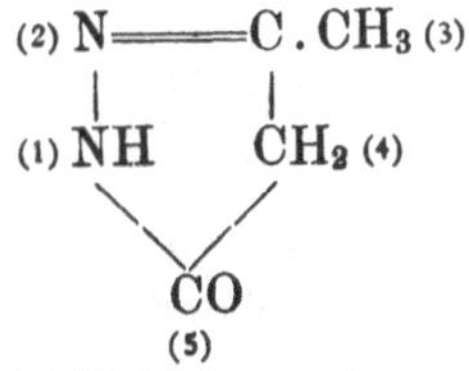

(3)-Methylpyridazinon. (3)-Methylpyrazolon.

Thiele und Stange[1]) haben aus dem Acetessigsäureäthylestersemicarbazon das (3)-Methylpyrazolon, das auch schon früher von Curtius[2]) aus Acetessigsäureäthylester und Hydrazinhydrat erhalten wurde, dargestellt. Dasselbe Produkt habe ich aus dem Acetessigsäuremethylestersemicarbazon über das Pyrazoloncarbonamid bekommen. Übergiesst man das Semicarbazon nach der von Thiele und Stange[3]) gegebenen Vorschrift mit konzentriertem Ammoniak und lässt stehen bis zur Lösung, so erhält man beim Verdunsten des Ammoniaks Krystalle vom Schmp. 191—192°, Pyrazoloncarbonamid, welches schon beim Erhitzen in wässriger Lösung in das Pyrazolon unter Abspaltung von Kohlensäure und Ammoniak übergeht:

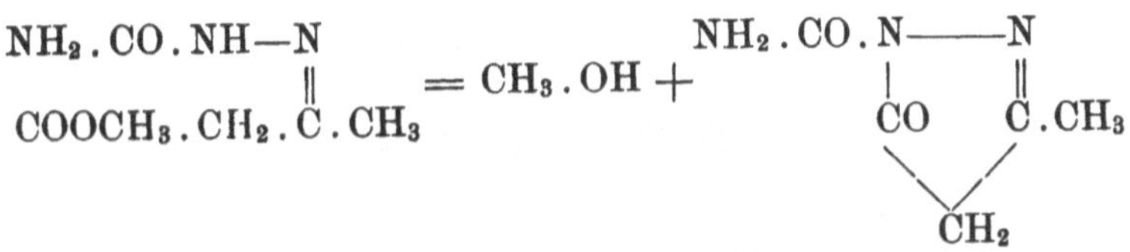

(3)-Methylpyrazoloncarbonamid

und

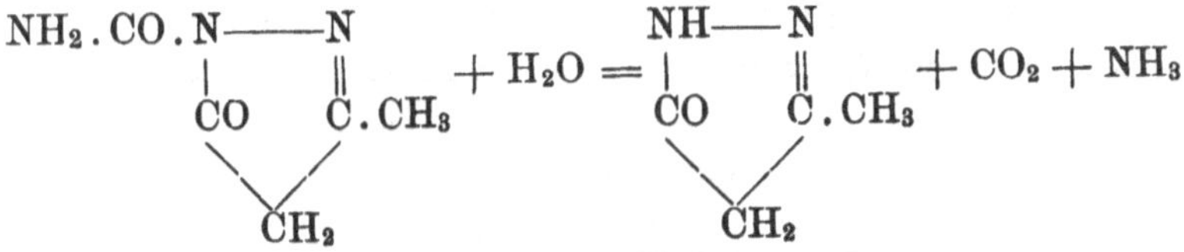

(3)-Methylpyrazolon.

Der Methylacetessigsäureäthylester zeigt bei der Kondensation mit Semicarbazid eine bedeutend grössere Neigung zur Ringschliessung

1) Ann. 283, 1.

2) J. f. pr. Chem. 39, 52.

3) Ann. loc. cit.

wie die beiden oben angegebenen Acetessigester. Man erhält als Reaktionsprodukt stets ein Gemisch von Semicarbazon und Dimethylpyrazolon. Leitet man die Reaktion durch Erwärmen ein, so erhält man in der Hauptmenge Dimethylpyrazolon. Kocht man das Kondensationsprodukt längere Zeit mit verdünntem Alkohol, so scheiden sich beim Erkalten der Lösung schön weisse Krystalle aus vom Schmp. 249°, die durch die Analyse als Dimethylpyrazolon erkannt wurden:

$$CH_3.CO.CH(CH_3).COOC_2H_5 + NH_2.NH.CO.NH_2 + H_2O =$$

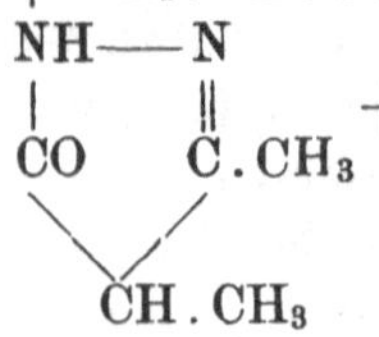

$$+ C_2H_6O + CO_2 + NH_3.$$

Ein Versuch mit Diäthylacetessigsäureäthylester und Semicarbazid ergab ein in feinen silberglänzenden Nädelchen krystallisierendes Semicarbazon vom Schmp. 131°. Dieser Körper gab mit Eisenchlorid keine Blaufärbung. Die Analyse lieferte die Werte für ein normales Semicarbazon:

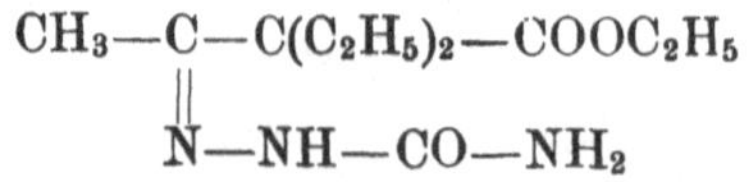

Dieses Semicarbazon liess sich durch Kochen mit verdünntem Alkohol nicht zur Ringschliessung bringen. Beim Übergiessen mit konzentriertem Ammoniak bildete sich kein Pyrazoloncarbonamid. Es liess sich sogar mit Ammoniak kochen, ohne dass es verändert wurde.

Knorr[1]) schreibt in seiner Arbeit „Synthetische Versuche mit dem Acetessigester", dass bei der Darstellung des Phenyltrimethylpyrazolons, durch Einwirkung von Dimethylacetessigester auf Phenylhydrazin, die Reaktion viel träger verläuft als beim Methylacetessigester und Acetessigester, und dass in der Kälte überhaupt keine Wasserabspaltung eintritt. In noch stärkerem Masse scheint die Zahl der noch ersetzbaren Wasserstoffatome die Bildung von Pyrazolonderivaten bei der Kondensation mit Semicarbazid zu beeinflussen.

---

1) Ann. 238, 166.

Stange[1]) hat gezeigt, dass die Bildung eines Pyrazolons bei der Kondensation von Acetessigester mit Semicarbazid ohnehin schwerer geht als bei der mit Phenylhydrazin. Beim Diäthylacetessigester hat sich nun gezeigt, dass mit Semicarbazid auf dem gewöhnlichen Wege überhaupt kein Pyrazolon zu erhalten ist, während Methylacetessigester mit grösster Leichtigkeit einen Pyrazolonring bildet. Das Verhalten des Diäthylacetessigesters gegen Semicarbazid entspricht der oben erwähnten Kondensation von Dimethylacetessigester mit Phenylhydrazin. Die Neigung zur Ringbildung ist also offenbar erhöht, wenn ein Wasserstoff durch ein fettes Radikal ersetzt ist und wird verringert, wenn für beide Wasserstoffatome Alkyle eingetreten sind.

Vielleicht lässt sich auf trockenem Wege aus dem Diäthylacetessigestersemicarbazon ein Pyrazolon erhalten.

Der Diacetbernsteinsäurediäthylester ergab bei der Kondensation mit Semicarbazid ein Produkt von der empirischen Zusammensetzung $C_{13}H_{19}N_3O_5$ in quantitativer Ausbeute. Diese Formel entspricht einem Diacetbernsteinestermonosemicarbazon, aus dem noch ein Molekül Wasser ausgetreten ist. Der Körper ist unlöslich in kohlensauren Alkalien, löslich in Aetzalkalien oder Mineralsäuren. Aus diesen Lösungen lässt er sich nach kurzem Stehenlassen mit Wasser wieder ausspritzen. Eine Zerlegung in die Komponenten konnte nicht erreicht werden; es lag daher die Vermutung nahe, dass Ringschliessung eingetreten sei. Da der Körper, wie im experimentellen Teil nachgewiesen werden wird, gegen Mineralsäuren eine relativ grosse Beständigkeit zeigte und auch beim Kochen mit verdünnten, ätzenden Alkalien kein Ammoniak abgespalten wurde, so nahm ich an, dass die Ringschliessung unter Hinzuziehung der Amidogruppe des Semicarbazids vor sich gegangen sei. Auf diese Weise käme man zu einem Ringe von acht Gliedern, und der Vorgang der Reaktion wäre folgender:

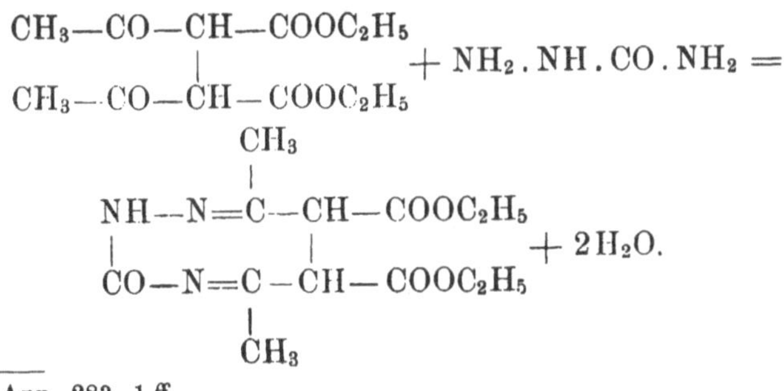

1) Ann. 283, 1 ff.

Ein solcher Körper könnte natürlich auch in der Hydroxylform

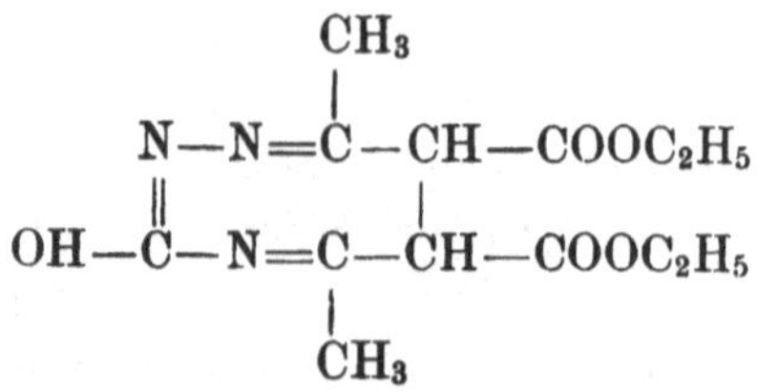

auftreten, was seine Alkalilöslichkeit erklären würde.

Aus diesem Ester wurde durch Verseifung mit methylalkoholischem Kali die entsprechende zweibasische Säure dargestellt. Bei Beibehaltung des vorigen Ringes also:

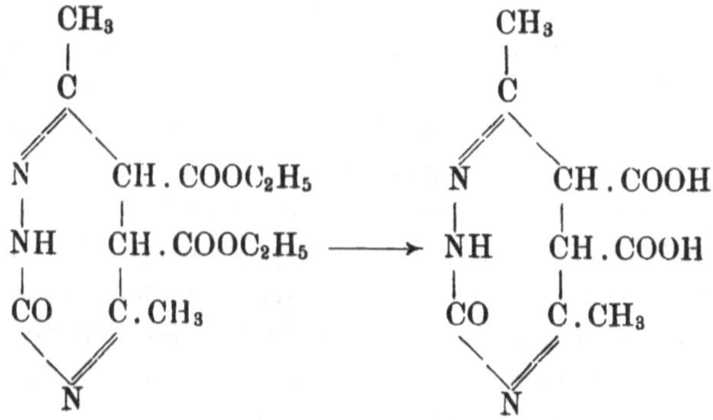

Ester. Säure.

Bei Einwirkung von konzentrierter Salzsäure unter vorsichtigem Erwärmen erhielt man aus obigem Ester den Ester einer einbasischen Säure von der Zusammensetzung $C_{10}H_{15}N_3O_3$. Es ist also ein Molekül Alkohol und ein Molekül Kohlensäure abgespalten worden, etwa:

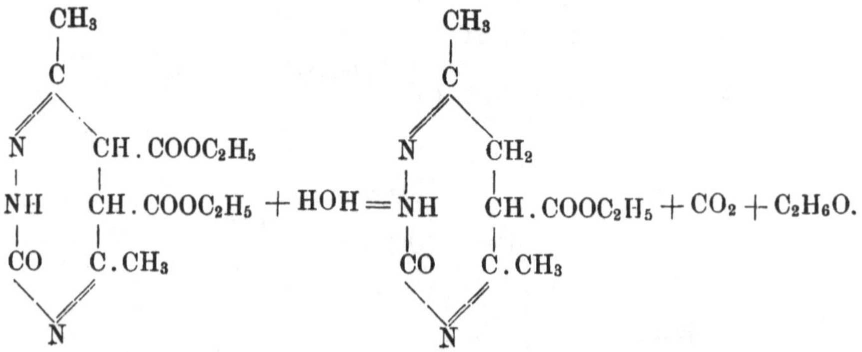

Natürlich könnte auch das andere Carboxyl ausgetreten sein:

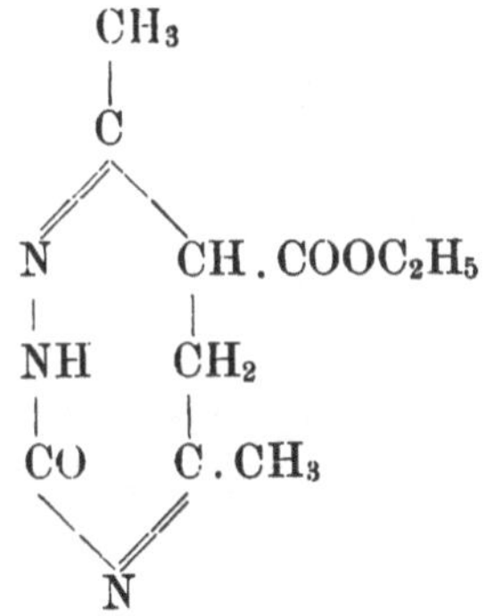

Versuche, den Körper weiter abzubauen, schlugen fehl. Man erhielt noch einen stark reduzierenden, amorphen Körper, der jedoch nicht rein erhalten werden konnte. Die Analysen mit dem vorliegenden Material ergaben keinen Anhaltspunkt für dessen Zusammensetzung. Bei Einwirkung von Salpetersäure resultierte beim Erwärmen unter sehr stürmischer Gasentwicklung ein rotes, schweres Öl, das nicht weiter untersucht wurde.

Obige Strukturformeln sind nun nur dann zulässig, wenn man voraussetzt, dass der Diacetbernsteinsäurediäthylester thatsächlich in der Ketonform reagiert hat.

Knorr[1]) ist es gelungen, vom Diacetbernsteinsäurediäthylester aus durch Wasserabspaltung zu dem Dimethylfurfurandicarbonsäurediäthylester zu gelangen:

$C_{12}H_{18}O_6 =$

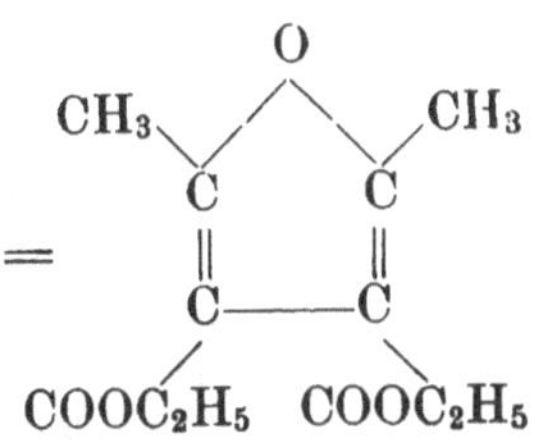

Ebenso hat er festgestellt[2]), dass Diacetbernsteinsäureester mit Ammoniak oder primären Aminbasen, unter Austritt von 2 Molekülen Wasser, Ringschliessung eingeht unter Bildung von Pyrrolderivaten von der Form:

1) Ber. 17, 2864.

2) Ber. 18, 300.

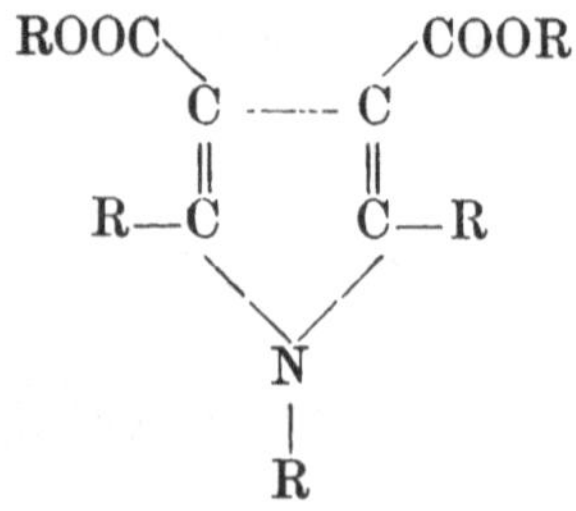

Er erklärt diese Bildung durch den leichten Übergang der Ketonform des Diacetbernsteinsäureesters

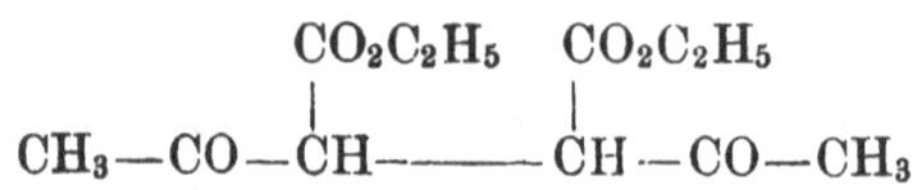

in die labile Form

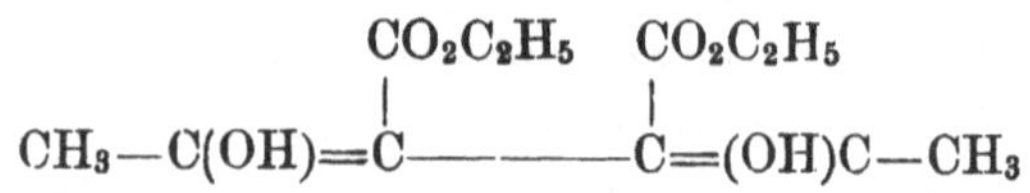

Legt man dem Diacetbernsteinsäureester die letztere Form bei der Kondensation mit Semicarbazid zu Grunde, so erscheint die Bildung eines Pyrrolabkömmlings möglich. Die drei oben angeführten Körper hätten demnach die Formeln:

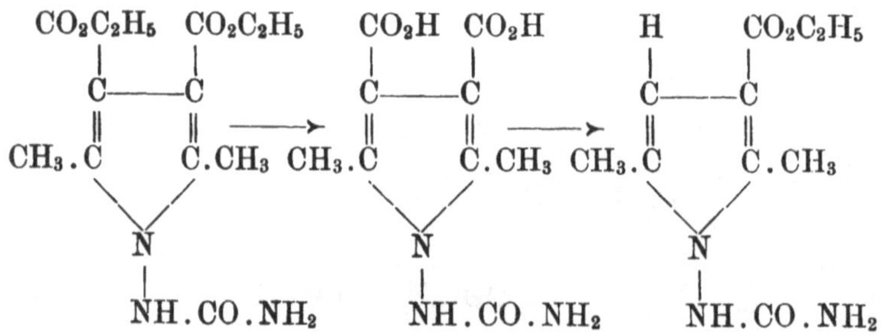

Dralle[1]) hat es als wahrscheinlich hingestellt, dass das von ihm aus Acetonylaceton und Amiguanidin bei Anwendung molekularer Mengen erhaltene Kondensationsprodukt, analog den Knorr'schen

1) Dissertation 1894.

Versuchen ein Pyrrolderivat ist. Der Vorgang wurde wie folgt schematisiert:

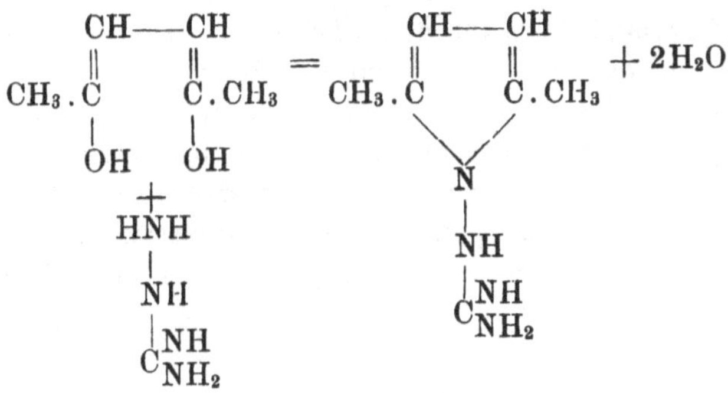

Verwendete man bei dieser Kondensation statt des Amidoguanidins das Semicarbazid, so müsste man bei Beibehaltung der Annahme, dass sich wirklich ein Pyrrolderivat bildet, zu dem Körper kommen, den ich aus dem Diacetbernsteinsäurediätylestersemicarbazon zu erhalten hoffte:

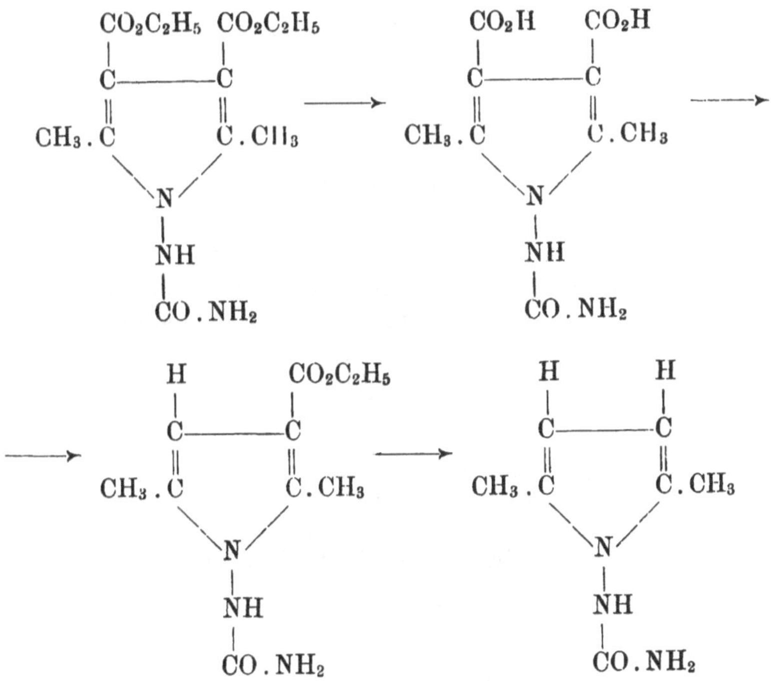

Erwartetes Pyrrolderivat.

Dralle schreibt in seiner schon citirten Dissertation, dass es ihm nicht gelungen ist, von dem Guanyldimethylpyrrolchlorhydrat zu dem Amidodimethylpyrrol zu gelangen. Auch meine Versuche in dieser Richtung mit dem Diacetbernsteinsäureestersemicarbazon schlugen fehl, wie im experimentellen Teil ausführlicher gezeigt werden wird. Beim Glühen des mit Kalkpulver gemischten Semicarbazons wurde allerdings Ammoniak entwickelt und ein mit Salzsäure befeuchteter Fichtenspan wurde rot gefärbt; bei einer derartig durchgreifenden Reaktion darf man das jedoch nicht als Beweismittel dafür anführen, dass ein Pyrrolderivat vorgelegen hat. Dass ein Körper von der Formel

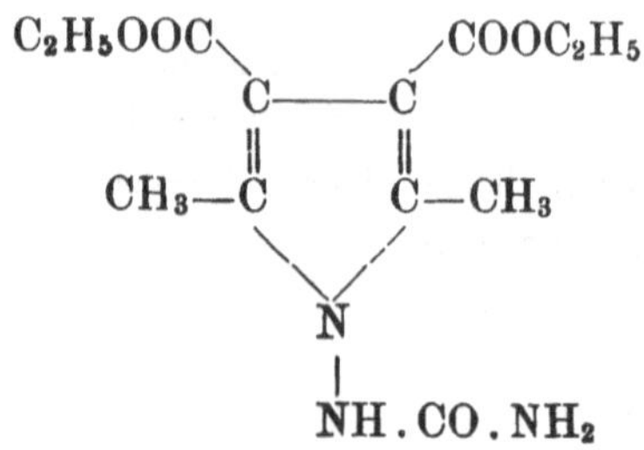

bei energischer Behandlung mit ätzenden Alkalien kein Ammoniak abspalten sollte, ist doch unwahrscheinlich. Ebenso ist nicht einzusehen, warum ein solcher Körper alkalilöslich sein soll und es ist daher wahrscheinlicher, dass das Kondensationsprodukt aus Semicarbazid und Diacetbernsteinsäurediäthylester nach der Formel

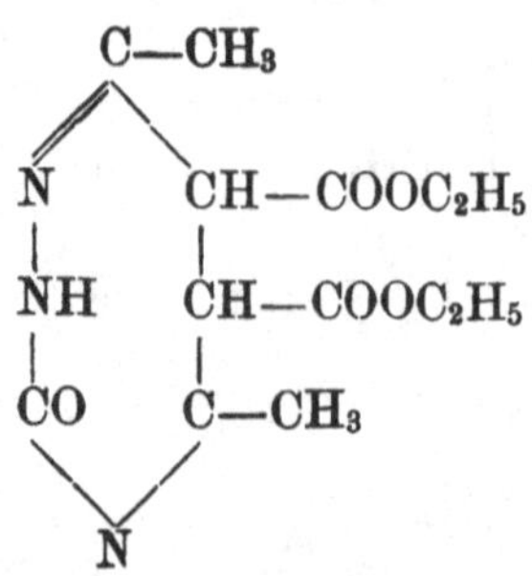

oder der Hydroxylform

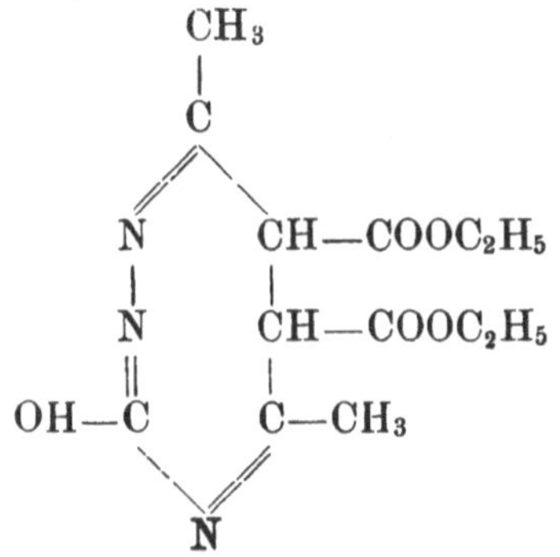

konstituiert ist.

Etwas Analoges dürfte für den Körper von Dralle gelten, der auch so alkalibeständig ist. Die Reaktion zwischen Acetonylaceton und Amidoguanidin liesse sich dann durch die Gleichung darstellen:

$$CH_3-CO-CH_2-CH_2-CO-CH_3 + NH_2-NH-C(NH)-NH_2 =$$

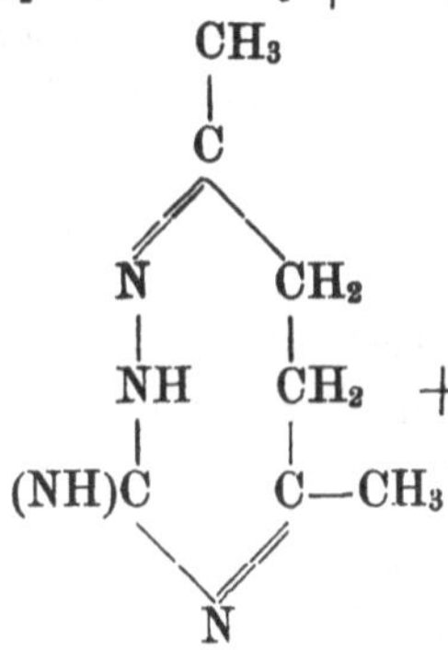

$+ 2 H_2O.$

# Experimenteller Teil.

## n-Dipropylketon und Semicarbazid.

$$\begin{matrix} C_3H_7 \\ C_3H_7 \end{matrix} \!\!> C{=}N{-}NH{-}CO{-}NH_2.$$

Man gibt zu der in wenig Wasser gelösten berechneten Menge salzsauren Semicarbazids und Natriumacetats die alkoholische Lösung des Dipropylketons und wärmt etwas auf dem Wasserbad an. Nach einigem Stehenlassen gibt man allmählich so viel Wasser zu, bis eben Trübung eintritt. Nach kurzer Zeit fällt das Semicarbazon aus. Man erhält jedoch bessere Ausbeute, wenn man die Semicarbazidchlorhydrat-Natriumacetatlösung direkt tropfenweise mit dem Butyron versetzt und kräftig durchschüttelt, indem man von Zeit zu Zeit abkühlt. Das Semicarbazon fällt dann sehr bald als weisser griesförmiger Niederschlag vom Schmp. 94° aus. Es ist, wie fast alle Semicarbazone in kaltem Wasser sehr schwer löslich; löslich in Alkohol oder Benzol. Aus letzterem umkrystallisiert, erhält man es in schönen fettperlmutterglänzenden Blättchen vom Schmp. 103—104°.

Analyse:

0,0860 g Substanz ergaben bei 1 Liter N = 1,1696 g 18,2 ccm N; 0,1500 g ergaben 0,3075 g $CO_2$ entsprechend 0,08386363 g C und 0,1369 g $H_2O$ entsprechend 0,0152111 g H.

| Berechnet für $C_8H_{17}N_3O$: | | Gefunden: |
|---|---|---|
| C | 56,14 % | 56,01 % |
| H | 9,94 | 10,09 |
| N | 24,56 | 24,75 |

Das Seminarbazon wird mit verdünnten Mineralsäuren in normaler Weise beim Erwärmen in die Komponenten gespalten.

Auch aus Vor- und Nachlauf des durch trockne Destillation von Calciumbutyrat gewonnenen Dipropylketons lässt sich letzteres als Semicarbazon gewinnen.

Ebenso wie das n-Dipropylketon lässt sich das Di-i-propylketon mit Semicarbazid kondensieren. Man erhält bei gleichem Verfahren einen weissen Niederschlag vom Schmp. 110°, der nach mehrmaligem Umkrystallisieren aus wenig kochendem Wasser feine nadelförmige Kryställchen vom Schmp. 126° ergibt. Wegen Mangels an Di-i-propylketon konnte dieses Semicarbazon nicht durch die Analyse identifiziert werden; doch dürfte es in normaler Reaktion entstanden sein und demnach die Zusammensetzung

$$\begin{matrix}(CH_3)_2{=}CH\diagdown \\ (CH_3)_2{=}CH\diagup\end{matrix} C{=}N{-}NH{-}CO{-}NH_2$$

haben.

## Methyläthylketon und Semicarbazid.

$$\begin{matrix}CH_3\diagdown \\ C_2H_5\diagup\end{matrix} C{=}N{-}NH{-}CO{-}NH_2.$$

Die Darstellungsweise dieses Semicarbazons ist dieselbe wie vorher. Man erhält Krystalle vom Schmp. 132°, die bei der Umkrystallisation aus verdünntem Alkohol oder kochendem Wasser schöne glänzende Krystallblättchen vom Schmp. 135° ergaben.

Analyse:

0,1827 g Substanz ergaben 0,3110 g $CO_2$ entsprechend 0,0848181 g C und 0,1422 g $H_2O$ entsprechend 0,01580 g H; und 0,1544 g ergaben bei $t = 11,5°$ und $b = 725,5''$ 44,5 ccm N.

| Berechnet für $C_5H_{11}N_3O$: | | Gefunden: |
|---|---|---|
| C | 46,51 % | 46,42 % |
| H | 8,52 | 8,64 |
| N | 32,55 | 32,74 |

Das Semicarbazon wird in normaler Weise durch verdünnte Mineralsäuren in die Komponenten zerlegt.

Bei der trocknen Destillation des Semicarbazons ging zwischen 160 und 170° eine Flüssigkeit über, welche jedoch wegen zu geringer

Menge nicht zur Analyse gebracht werden konnte. Sie dürfte indessen identisch sein mit dem von Curtius und Thun durch Einwirkung von Hydrazinhydrat auf Methyläthylketon dargestellten Bismethyläthylazimethylen, da der bei der Destillation im Kölbchen verbliebene Rückstand sich als aus Hydrazodicarbonimid und wenig Hydrazodicarbonamid bestehend herausstellte. Der wasserlösliche Theil des Rückstandes gab beim Eindampfen Krystalle, die den Schmp. 244—245° des Hydrazodicarbonimids zeigten. Der wasserunlösliche Teil, nach der von Thiele angegebenen Methode vermittelst Oxydation mit einer schwefelsauren Lösung von Kaliumdichromat in Azodicarbonamid (orangerotes Pulver) übergeführt, wurde so als Hydrazodicarbonamid nachgewiesen. Der Zerfall des Methyläthylketonsemicarbazons lässt sich also durch die Gleichung ausdrücken:

$$2\,{}^{CH_3}_{C_2H_5}\!\!>C{=}N.NH.CO.NH_2 =$$

$${}^{CH_3}_{C_2H_5}\!\!>C{=}N-N{=}C\!<^{CH_3}_{C_2H_5} + NH_2.CO.NH-NH.CO.NH_2$$

und

$$NH_2.CO.NH-NH.CO.NH_2 = NH_3 + \underbrace{CO.NH.NH.CO}_{NH}$$

## Diäthylketon und Semicarbazid.

$${}^{C_2H_5}_{C_2H_5}\!\!>C{=}N-NH-CO-NH_2.$$

Das Diäthylketonsemicarbazon erhält man nach kurzem Stehen der vereinigten Lösungen, in Wasser bezw. in Alkohol, in glänzenden derben Kryställchen vom Schmp. 141°. Dieselben sind in kaltem Wasser nur sehr wenig löslich. Aus heissem Wasser umkrystallisiert, zeigen sie den konstanten Schmp. 143°.

Analyse:

0,1398 g Substanz lieferten bei t = 11° und b = 719″ 36,7 ccm N; 0,2001 g ergaben 0,3699 $CO_2$ entsprechend 0,10088181 C und 0,1850 $H_2O$ entsprechend 0,02055 H.

| Berechnet für $C_6H_{13}N_3O$: | | Gefunden: |
|---|---|---|
| C | 50,35 % | 50,41 % |
| H | 9,09 | 10,27 |
| N | 29,37 | 29,59 |

Durch verdünnte Säuren wird das Semicarbazon leicht in die Komponenten zerlegt. Beim Erhitzen für sich erhält man ein flüssiges Destillat, das wahrscheinlich aus dem dem Keton entsprechenden Ketazin besteht.

## Methylhexylketon und Semicarbazid.

$$\begin{matrix} CH_3 \\ C_6H_{13} \end{matrix}\!\!\!>C{=}N{-}NH{-}CO{-}NH_2.$$

Das aus verdünntem Alkohol oder aus Benzol umkrystallisierte Semicarbazon hat den Schmp. 122°. Es krystallisiert in mikroskopisch kleinen stark glänzenden Säulen. Es ist unlöslich in kaltem Wasser, wenig löslich in Äther und schwer löslich in heissem Wasser. Löslich ferner in Ligroin oder Benzol und sehr leicht löslich in Alkohol.

Analyse:

0,1679 g Substanz ergaben bei t = 13,5° und b = 727,5" 33,8 ccm N; 0,1602 g ergaben 0,3420 g $CO_2$ entsprechend 0,0932727 g C und 0,1515 g $H_2O$ entsprechend 0,0168333 g H.

| Berechnet für $C_9H_{19}N_3O$: | | Gefunden: |
|---|---|---|
| C | 58,37 % | 58,22 % |
| H | 10,27 | 10,50 |
| N | 22,70 | 22,71 |

Auch dieses Semicarbazon wird beim Erwärmen mit verdünnten Mineralsäuren in die Komponenten gespalten; desgleichen liefert es, wie die bisher erwähnten Ketonsemicarbazone, bei der trocknen Destillation unter Freiwerden von Ammoniak ein öliges Destillat.

## Phoron und Semicarbazid.

Zu der Semicarbazidlösung gibt man das Phoron in so viel Alkohol gelöst, dass eine homogene Flüssigkeit entsteht. Nach zwei- bis dreistündigem Stehen erhält man beim Schütteln einen Krystallbrei vom Schmp. 233°. Nach tüchtigem Waschen mit Wasser, Alkohol und Äther ist derselbe analysenrein.

Analyse:

0,1536 g Substanz ergaben bei t = 19° und b = 723" 43,7 ccm N; und 0,1697 g ergaben 0,3043 g $CO_2$ entsprechend 0,08298261 g C und 0,1290 g $H_2O$ entsprechend 0,0143319 H.

| Berechnet für $C_{11}H_{22}N_6O_2$: | Gefunden: |
|---|---|
| C 48,88 % | 48,89 % |
| H 8,15 | 8,44 |
| N 31,11 | 31,07 |

Das Phoron hat also unter Austritt von einem Molekül Wasser mit zwei Molekülen Semicarbazid reagiert.

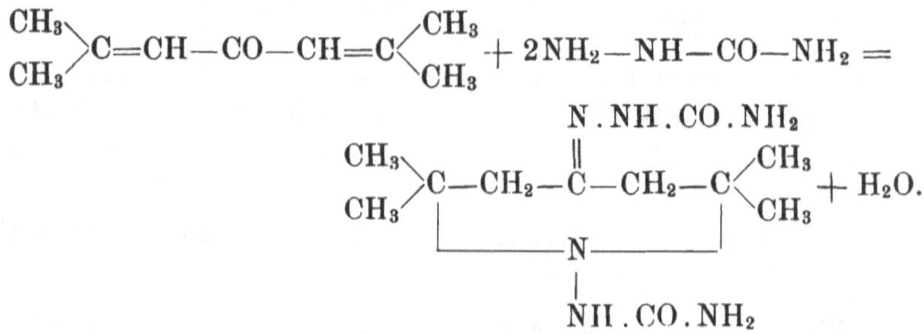

Ein Versuch mit berechneten Mengen ergab eine quantitative Ausbeute an Kondensationsprodukt. Bei der Darstellung des Semicarbazons darf man die Reaktion nicht durch Erwärmen einleiten wollen, da man dadurch dessen Bildung verhindert. Alle Versuche, den Körper durch Oxydation oder Reduktion abzubauen, schlugen fehl. Es muss also die Frage, ob obige Konstitutionsformel die richtige ist, offen gelassen werden (siehe auch im theoretischen Teil). Beim Behandeln mit Mineralsäuren trat der deutliche Geruch nach Phoron auf, doch ist es nicht festgestellt worden, ob diese Spaltung vollständig zu machen ist.

Zum Vergleiche mit dem Semicarbazon wurde das Phoron mit Phenylhydrazin kondensiert. Das Reaktionsprodukt, ein gelber Krystallbrei, zeigte den Schmp. 131°.

Analyse:

0,1184 g Substanz ergaben bei t = 20° und b = 717" 20,6 ccm N; und 0,1401 g ergaben 0,3756 g $CO_2$ entsprechend 0,10243636 g C und 0,1031 g $H_2O$ entsprechend 0,0114555 H.

| Berechnet für $C_{27}H_{36}N_6$: | Gefunden: |
|---|---|
| C 72,98 % | 73,11 % |
| H 8,11 | 8,17 |
| N 18,91 | 18,75 |
| 100,00 | 100,03 |

Es haben also im Gegensatz zu dem Semicarbazid hier drei Moleküle Phenylhydrazin mit einem Molekül Phoron unter Austritt von einem Molekül Wasser reagiert:

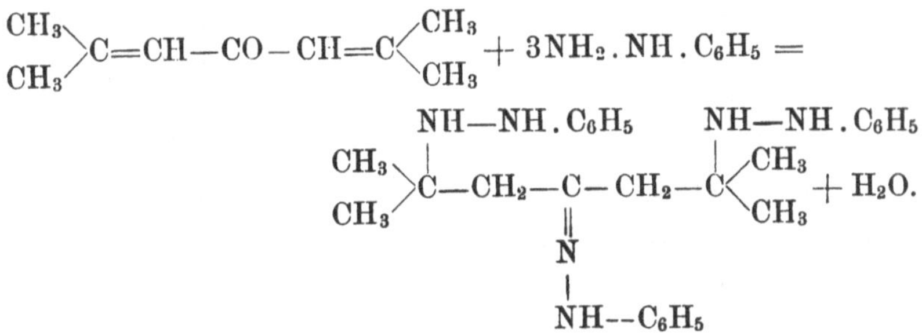

Leider ist es nicht gelungen, aus diesem Körper einen Azokörper zu erhalten; auch Abbauversuche durch Oxydatition oder Reduktion missglückten. Der Körper spaltet beim Behandeln mit Mineralsäuren mit Leichtigkeit Phenylhydrazin ab, ohne jedoch den Geruch von Phoron erkennen zu lassen. Bei längerem Stehen an der Luft ist er zersetzlich. Bisher konnte nicht nachgewiesen werden, ob ein Kondensationsprodukt des Phorons mit einem oder zwei Molekülen Phenylhydrazin existenzfähig ist.

## Mesityloxyd und Semicarbazid.

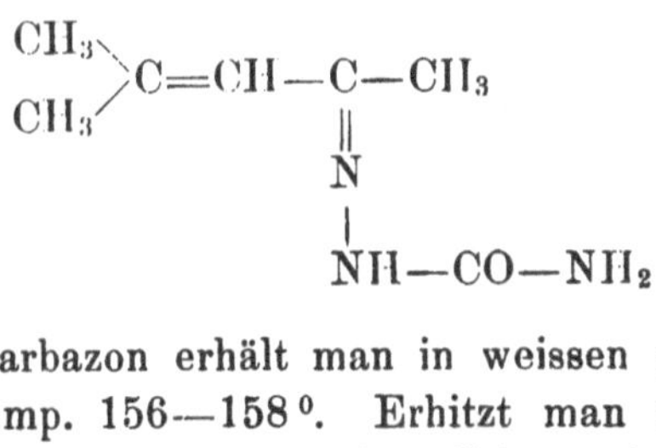

Dieses Semicarbazon erhält man in weissen glänzenden Krystallblättchen vom Schmp. 156—158°. Erhitzt man nach dem Erstarren nochmals, so zeigt die Substanz den Schmp. bei 128—129°. Der letztere Körper lässt sich aus dem ersteren durch trockne Destillation gewinnen. Bei 212—213° geht eine wasserhelle Flüssigkeit über, die in der Vorlage zu derben Krystallen erstarrt vom Schmp. 128—129°. Die Analysen der beiden Körper ergaben die Zahlen des Mesityloxydsemincarbazons.

A n a l y s e des bei 156—158° schmelzenden Körpers:

0,1401 g Substanz ergaben bei 1 Liter N = 1,1566 g 33,0 ccm N; und 0,1031 g ergaben 0,2050 g $CO_2$ entsprechend 0,0559090 g C und 0,0787 g $H_2O$ entsprechend 0,008744 g H.

| Berechnet für $C_7H_{13}N_3O$: | | Gefunden: |
|---|---|---|
| C | 54,19 % | 54,22 % |
| H | 8,38 | 8,48 |
| N | 27,09 | 27,24 |

A n a l y s e des bei 128—129° schmelzenden Körpers:

0,1445 g Substanz ergaben 0,2852 g $CO_2$ entsprechend 0,07778181 g C und 0,1107 g $H_2O$ entsprechend 0,0123 g H.

| Berechnet für $C_7H_{13}N_3O$: | | Gefunden: |
|---|---|---|
| C | 54,19 % | 53,82 % |
| H | 8,38 | 8,51 |

Dass isomere Körper und nicht polymere vorliegen, hat S c h o l t z in der im theoretischen Teil zitierten Arbeit durch Molekulargewichtsbestimmung nachgewiesen. Die bei 156—158° schmelzende Modifikation wird durch Mineralsäuren in die Komponenten gespalten, während dies bei der bei 128—129° schmelzenden nicht gelingt.

## Diketohexamethylen und Semicarbazid.

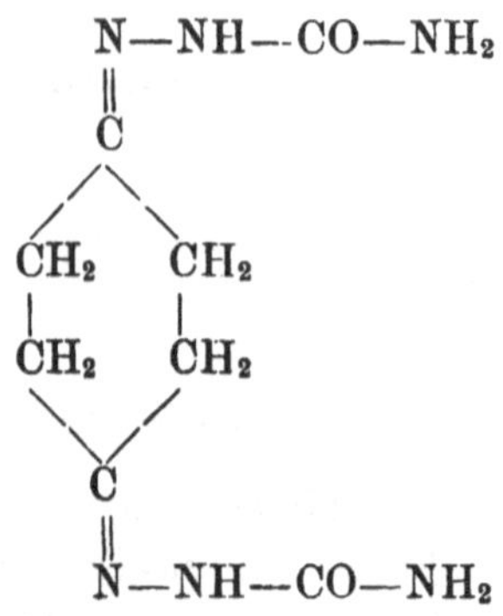


Bei Anwendung von zwei Molekülen Semicarbazid auf ein Molekül Diketohexamethylen erhält man sofort einen weissen wasserunlöslichen Niederschlag vom Schmp. 218° in quantitativer Ausbeute. Derselbe ist unlöslich in Wasser, Methylalkohol, Äthylalkohol, Äther, Benzol und vielen Solventien; löslich ist er in Anilin oder Eisessig.

Aus letzterem öfter umkrystallisiert zeigt das Semicarbazon den konstanten Schmp. 222—223 ⁰ unter Zersetzung.

Analyse:

0,1845 g Substanz ergaben bei t = 11 ⁰ und b = 719″ 59,8 ccm N; und 0,2055 g ergaben 0,3198 g $CO_2$ entsprechend 0,08721818 g C und 0,1164 g $H_2O$ entsprechend 0,0129333 g H.

| Berechnet für $C_8H_{14}N_6O_2$: | | Gefunden: |
|---|---|---|
| C | 42,47 % | 42,44 % |
| H | 6,15 | 6,32 |
| N | 37,16 | 37,02 |

## Pinakolin und Semicarbazid.

$$\begin{array}{l} CH_3-C-C\equiv(CH_3)_3 \\ \quad\;\;\; \| \\ \quad\;\;\; N-NH-CO-NH_2 \end{array}$$

Das sich bald abscheidende Semicarbazon ist schwer löslich in heissem Wasser und leicht löslich in Alkohol. Beim Umkrystallisieren aus verdünntem Alkohol erhält man es in schönen, weissen, glänzenden Nädelchen vom Schmp. 155 ⁰.

Analyse:

0,1918 g Substanz ergaben bei t = 15 ⁰ und b = 721,5″ 45,95 ccm N; und 0,2111 g ergaben 0,4131 g $CO_2$ entsprechend 0,11263636 g C und 0,1819 g $H_2O$ entsprechend 0,0202111 g H.

| Berechnet für $C_7H_{15}N_3O$: | | Gefunden: |
|---|---|---|
| C | 53,63 % | 53,35 % |
| H | 9,55 | 9,57 |
| N | 26,75 | 26,75 |

Bei der trocknen Destillation des Semicarbazons wird Ammoniak frei, und es geht ein mit Wasserdampf flüchtiges Öl über. Erwärmt man das Semicarbazon mit verdünnten Säuren, so tritt der deutliche, an Campher erinnernde, Geruch des Pinakolins auf.

## Crotonaldehyd und Semicarbazid.

$$C_3H_5-CH=N-NH-CO-NH_2.$$

Beim Vereinigen der Lösungen fällt sofort das Reaktionsprodukt als weisser krystallinischer Niederschlag vom Schmp. 188 ⁰ aus. Nach

Umkrystallisieren aus kochendem Wasser oder verdünntem Alkohol erhält man perlmutterglänzende Blättchen vom Schmp. 191°.

Analyse:

0,1308 g Substanz ergaben bei 1 Liter N = 1,1215 g 38,6 ccm N; 0,1241 g ergaben 0,2144 g $CO_2$ entsprechend 0,05847272 g C und 0,0799 g $H_2O$ ensprechend 0,0088777 g H.

| Berechnet für $C_5H_9N_3O$: | | Gefunden: |
|---|---|---|
| C | 47,24 % | 47,11 % |
| H | 7,08 | 7,15 |
| N | 33,07 | 33,09 |

## Aldol und Paraldol und Semicarbazid.

Frisch dargestelltes Aldol reagierte nur insofern mit Semicarbazid, als sich die Mischung bei längerem Stehen gelb und später schwarzbraun färbte. Beim Erwärmen der vereinigten Lösungen trat die Färbung sofort ein. Ein Semicarbazon konnte nicht erhalten werden.

Paraldol ergibt mit Semicarbazid ein Kondensationsprodukt, das nach der Krystallisation aus verdünntem Alkohol den Schmp. 191° zeigte. Schmelzpunkt, sowie Löslichkeitsverhältnisse stimmten überein mit den Eigenschaften des Crotonaldehydsemicarbazons. Die Analyse ergab thatsächlich die Werte des vorher dargestellten Crotonaldehydsemicarbazons.

Analyse:

0,1372 g Substanz ergaben bei 1 Liter N = 1,1357 g 40 ccm N; 0,1141 g ergaben 0,1982 g $CO_2$ entsprechend 0,05405454 g C und 0,0749 g $H_2O$ entsprechend 0,0083222 g H.

| Berechnet für $C_5H_9N_3O$: | | Gefunden: |
|---|---|---|
| C | 47,24 % | 47,35 % |
| H | 7,08 | 7,29 |
| N | 33,07 | 33,11 |

Es hat also, ausser dem bei Semicarbazonbildung nötigen Wasseraustritt noch ein intramolekularer Wasseraustritt stattgefunden nach der Gleichung:

$$(CH_3-CH(OH)-CH_2-CHO).x + x.NH_2-NH-CO-NH_2 =$$
$$2xH_2O + xCH_3-CH{=}CH-CH{=}N-NH-CO-NH_2.$$

Die Versuche, ein Semicarbazon des Paraldols zu erhalten, gelangen nicht; es entstand immer das Crotonaldehydsemicarbazon.

## Iso-Valeraldehyd und Semicarbazid.

$C_4H_9—CH=N—NH—CO—NH_2$.

Vereinigte man die Lösungen in Wasser, bezw. des Aldehyds in Alkohol, wie gewöhnlich und liess stehen, so erhielt man kein Semicarbazon. Beim Verdunsten des Alkohols im Vakuum schied sich der Aldehyd unverändert wieder ab. Schüttelte man jedoch die konzentrierte Lösung des Semicarbazids direkt mit dem Aldehyd kräftig durch, so trat Erwärmung ein. Beim Kühlen und nochmaligem Schütteln fiel ein zusammengeballter wasserunlöslicher weisser Niederschlag aus vom Schmp. ca. 100°. Derselbe ist löslich in Alkohol, Äther, Ligroin oder Benzol. Aus letzterem umkrystallisiert, erhält man das Semicarbazon in weissen feinen silberglänzenden Nädelchen vom Schmp. 115—117°.

Analyse:

0,0742 g Substanz ergaben bei t = 14° und b = 715″ 19,8 ccm N; 0,1909 g ergaben 0,3510 g $CO_2$ entsprechend 0,0957272 g C und 0,1584 g $H_2O$ entsprechend 0,017600 g H.

| Berechnet für $C_6H_{13}N_3O$: | | Gefunden: |
|---|---|---|
| C | 50,35 % | 50,14 % |
| H | 9,09 | 9,21 |
| N | 29,37 | 29,50 |

## Önanthol und Semicarbazid.

$C_6H_{13}—CH=N—NH—CO—NH_2$.

Dieses Semicarbazon lässt sich aus den vereinigten Lösungen, nachdem man kurze Zeit stehen gelassen hat, durch Zusatz von Wasser in fein verteiltem Zustand ausscheiden. Der Niederschlag ist wasserunlöslich und zeigt nach der Umkrystallisation aus Alkohol oder Äther den Schmp. 108—110°.

Analyse:

0,1471 g Substanz ergaben bei t = 13,5° und b = 731″ 31,9 ccm N; 0,1299 g ergaben 0,2670 g $CO_2$ entsprechend 0,072818 g C und 0,1178 g $H_2O$ entsprechend 0,0130888 H.

| Berechnet für $C_8H_{17}N_3O$: | | Gefunden: |
|---|---|---|
| C | 56,14 % | 56,05 % |
| H | 9,94 | 10,07 |
| N | 24,56 | 24,58 |

Auch die Semicarbazone dieser Aldehyde werden beim Erwärmen mit verdünnten Mineralsäuren in die Komponenten gespalten.

### Brenztraubensäure und Semicarbazid.

$$\begin{array}{l} CH_3-C-COOH \\ \quad\quad\;\; \| \\ \quad\quad\;\; N-NH-CO-NH_2 \end{array}$$

Dieses Semicarbazon krystallisiert aus heissem Wasser in haarförmigen Nädelchen vom Zersetzungspunkt ca. 213°. Der Zersetzp. liegt bei raschem Erwärmen etwas höher, bei langsamem Erwärmen niedriger als bei 213°. Es ist schon dargestellt worden von Bailey; ich kann die in dessen Dissertation 1897 niedergelegten Angaben über das Brenztraubensäuresemicarbazon nur bestätigen.

Analyse:

0,1500 g Substanz ergaben bei 1 Liter N = 1,1226 g 38,6 ccm N; 0,1525 g ergaben 0,1837 g $CO_2$ entsprechend 0,05009625 g C und 0,0661 g $H_2O$ entsprechend 0,0073444 H.

| Berechnet für $C_4H_7N_3O_3$: | | Gefunden: |
|---|---|---|
| C | 33,10 % | 32,85 % |
| H | 4,76 | 4,81 |
| N | 28,96 | 28,88 |

### Lävulinsäure und Semicarbazid.

$$\begin{array}{l} CH_3-C-CH_2-CH_2-COOH \\ \quad\quad\;\; \| \\ \quad\quad\;\; N-NH=CO-NH_2 \end{array}$$

Kurze Zeit nach Vereinigen der Lösungen fällt ein schön weiss krystallisierter Niederschlag aus vom Schmp. 180°. Aus heissem Wasser umkrystallisiert, wird er in glänzenden derben Krystallen erhalten vom Schmp. 182°. Das Semicarbazon wirkt auf ammoniakalische Silbernitratlösung energisch reduzierend ein.

Analyse:

0,1665 g Substanz ergaben bei 1 Liter N = 1,1004 g 36,6 ccm N; 0,1195 g ergaben 0,1820 g $CO_2$ entsprechend 0,0496314 g C und 0,0684 g $H_2O$ entsprechend 0,00760775 H.

| Berechnet für $C_6H_{11}N_3O_3$: | | Gefunden: |
|---|---|---|
| C | 41,61 % | 41,53 % |
| H | 6,36 | 6,45 |
| N | 24,27 | 24,19 |

Das Lävulinsäuresemicarbazon ergab bei der trockenen Destillation einen weissen krystallinischen Körper vom Schmp. 70—80°. Bei der Destillation konnte freiwerdende Kohlensäure und entweichendes Ammoniak nachgewiesen werden. Das Destillationsprodukt ist leicht löslich in Wasser und unlöslich in Alkohol, Aether oder Ligroin. Aus Benzol umkrystallisiert bekommt man es in feinen, nadligen, wasserhellen Krystallen vom Schmp. 78—90°.[1]) Ein glatter glatter Schmelzpunkt wurde nicht erhalten. Trotzdem lässt die Analyse keinen Zweifel an der Identität.

Analyse:

0,1882 g Substanz ergaben bei 1 Liter N = 1,1282 g 42,1 ccm N; 0,1681 g ergaben 0,3302 g $CO_2$ entsprechend 0,090045 g C und 0,1099 g $H_2O$ entsprechend 0,01220989 g H.

| Berechnet für $C_5H_8N_2O$: | | Gefunden: |
|---|---|---|
| C | 53,57 % | 53,56 % |
| H | 7,14 | 7,26 |
| N | 25,00 | 25,23 |

Es hat also unter Abspaltung von einem Molekül Kohlensäure und einem Molekül Ammoniak eine Ringschliessung stattgefunden unter Bildung von Methylpyridazinon:

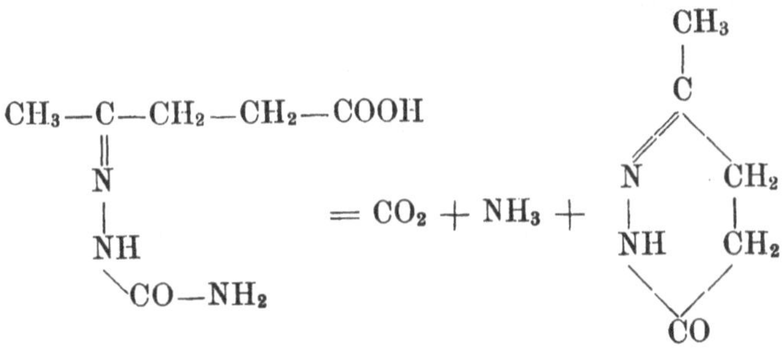

## Acetylpropionyl und Semicarbazid.

Gleich beim Vereinigen der Lösungen reagierte das Acetylpropionyl sehr energisch mit dem Semicarbazid. Es fiel ein weiss bis gelb gefärbter pulveriger Niederschlag aus. Es gelang nicht, ein

1) In der Literatur (J. f. pr. Ch. 50, 524) ist dieser Körper mit dem Schmp. 94° angegeben.

analysenreines Produkt zu erhalten. Auch bei Anwendung berechneter Mengen von einem, beziehungsweise zwei Molekülen Semicarbazid auf einem Molekül Acetylpropionyl bekam man kein einheitliches Produkt. Vielleicht liegt ein Gemisch vor von Acetylpropionylmonosemicarbazon und Acetylpropionyldisemicarbazazon. Der Niederschlag ist unlöslich in sehr vielen Solventien, löslich, jedoch ganz, in Eisessig. Aus der Lösung in Eisessig lässt er sich durch Wasser wieder ausfällen. Er schmilzt unter Zersetzung zwischen 185° und 240°. Gegen Alkalien ist er beständig, während er durch verdünnte Säuren beim Erwärmen in die Componenten zerlegt wird. Die Lösung färbt sich dabei rosarot, welche Färbung auf Zusatz von Alkali wieder verschwindet. Beim wiederholten Auskochen mit viel absolutem Alkohol geht ein kleiner Teil des obigen Reaktionsproduktes in Lösung. Aus dem Filtrat erhält man gelbliche stark glänzende Schüppchen vom Schmp. ca. 210°. Die Menge der erhaltenen Substanz genügte jedoch nicht zur Analyse. Der Rückstand bestand nach langem Kochen am Rückflusskühler mit absolutem Alkohol aus einem gelben krystallinischen Pulver vom Schmp. ca. 240°, dessen Analyse aber keinen Anhaltspunkt für die Zusammensetzung des Körpers ergab.

## Acetessigsäuremethylester und Semicarbazid.

$$\begin{array}{l} CH_3-C-CH_2-COOCH_3 \\ \phantom{CH_3-}\| \\ \phantom{CH_3-}N-NH-CO-NH_2 \end{array}$$

Das Semicarbazon fällt nach kurzer Zeit aus als weisser griesförmiger Niederschlag vom Schmp. 146°. Aus Methylalkohol umkrystallisiert zeigt es den Schmp. 148°.

Analyse:

0,2579 g Substanz ergaben bei t = 12,5° und b = 721° 56,3 ccm N; 0,2012 g ergaben 0,3061 g $CO_2$ entsprechend 0,08348181 g C und 0,1159 g $H_2O$ entsprechend 0,0128777 g H.

| Berechnet für $C_6H_{11}N_3O_3$: | | Gefunden: |
|---|---|---|
| C | 41,63 % | 41,49 % |
| H | 6,35 | 6,40 |
| N | 24,28 | 24,51 |

Übergiesst man das Semicarbazon mit konzentriertem Ammoniak und lässt, nachdem alles in Lösung gegangen ist, noch einige Stunden stehen, so erhält man nach dem Verdunsten des Ammoniaks im Vacuum über Schwefelsäure Krystalle vom Schmp. 191—192°, die identisch sind mit dem von Stange dargestellten (3)-Methylpyrazolon-(1)-Carbonamid. Der Verlauf der Reaktion ist folgender:

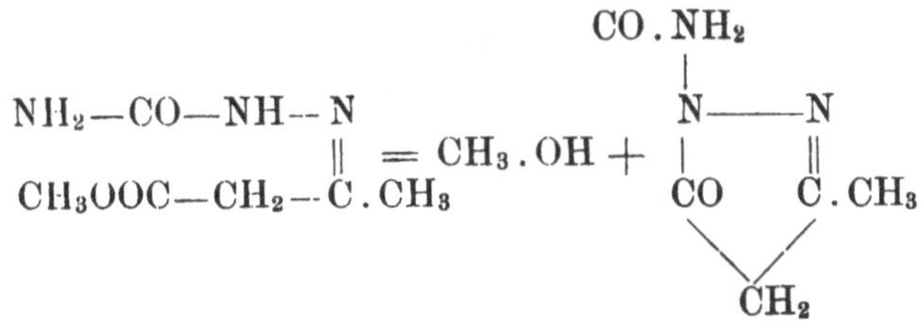

Das Methylpyrazoloncarbonamid gibt mit Eisenchlorid die Blaufärbung der Pyrazolonderivate und spaltet beim Erhitzen in wässriger Lösung leicht die Carbonamidgruppe ab unter Bildung von (3)-Methylpyrazolon.

### Methylacetessigsäureäthylester und Semicarbazid.

Dieser Acetessigester zeigt, wie schon in der Einleitung erwähnt wurde, eine bedeutend grössere Neigung zur Pyrazolonbildung wie der Acetessigsäuremethylester. Liess man die Lösungen des Esters und des Semicarbazids längere Zeit stehen, so resultierte bei der Krystallisation ein Körper, der schon die Pyrazolonreaktion mit Eisenchlorid zeigte. Vereinigte man die Lösungen unter schwachem Erwärmen, so erhielt man nach kurzer Zeit feinnadlige Kryställchen vom Schmp. ca. 180°, die, ohne Umkrystallisation analysiert, sehr annähernde Werte für ein Dimethylpyrazolon ergaben. Ein analysenreines Semicarbazon konnte auch bei Vermeidung von Wärmebildung nicht erhalten werden. Die Analysen ergaben nur annähernde Werte für das Semicarbazon; es war immer zu viel Stickstoff vorhanden. Durch Umkrystallisieren konnte das Semicarbazon nicht gereinigt werden, da es nur in der Hitze in Lösung ging und dabei unter Abspaltung von Alkohol, Kohlensäure und Ammoniak in das Pyrazolon überging.

Liess man das in der Kälte erhaltene Kondensationsprodukt vom Schmp. 122—124° einige Tage mit konzentriertem Ammoniak stehen, so erhielt man beim Verdunsten Krystalle. Der in kaltem Wasser schwer lösliche Körper zeigte deutlich die Pyrazolonreaktion, es trat mit Eisenchlorid blauviolette Färbung ein, die beim Erwärmen in Gelb umschlug.

Analysenrein wurde nur das Dimethylpyrazolon erhalten, und zwar durch anhaltendes Kochen des zuerst erhaltenen Reaktionsproduktes mit verdünntem Alkohol.

Analyse:

0,2100 g Substanz ergaben bei t = 10,5° und b = 727" 45,6 ccm N; und 0,1823 g ergaben 0,3574 g $CO_2$ entsprechend 0,0974727 g C und 0,1182 g $H_2O$ entsprechend 0,0131333 g H.

| Berechnet für $C_5H_8N_2O$: | | Gefunden: |
|---|---|---|
| C | 53,57 % | 53,41 % |
| H | 7,14 | 7,20 |
| N | 25,00 | 24,80 |

Das Dimethylpyrazolon ist erhältlich in schönen, weissen Kryställchen vom Schmp. 249°.[1]) Der Vorgang bei der Bildung wird veranschaulicht durch die Gleichung:

$CH_3.CO.CH.(CH_3)COOC_2H_5 + NH_2.NH.CO.NH_2 + H_2O =$

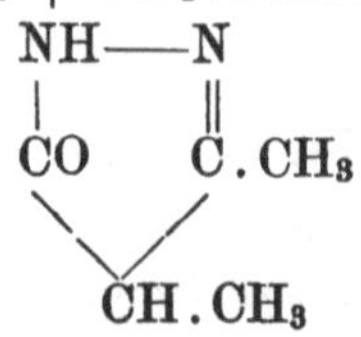

$+ C_2H_6O + CO_2 + NH_3.$

**Diäthylacetessigsäureäthylester und Semicarbazid.**

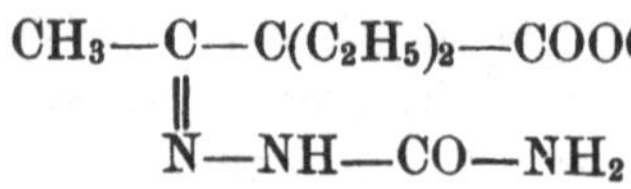

Das Semicarbazon dieses Esters fällt erst nach längerem Stehen und öfterem kräftigen Durchschütteln in feinen, silberglänzenden Nädelchen aus. Aus verdünntem Alkohol umkrystallisiert, hat es den Schmp. 131°.

Analyse:

0,1841 g Substanz ergaben bei t = 16,5° und b = 725,5" 28,6 ccm N; 0,2117 g ergaben 0,4208 g $CO_2$ entsprechend 0,1147636 g C und 0,1690 g $H_2O$ entsprechend 0,018777 g H.

| Berechnet für $C_{11}H_{21}N_3O_3$: | | Gefunden: |
|---|---|---|
| C | 54,32 % | 54,21 % |
| H | 8,64 | 8,87 |
| N | 17,28 | 17,25 |

---

1) J. f. pr. Chem. 52, 58.

stehen, so erhält man nach dem Verdunsten des Ammoniaks im Vacuum über Schwefelsäure Krystalle vom Schmp. 191—192°, die identisch sind mit dem von Stange dargestellten (3)-Methylpyrazolon-(1)-Carbonamid. Der Verlauf der Reaktion ist folgender:

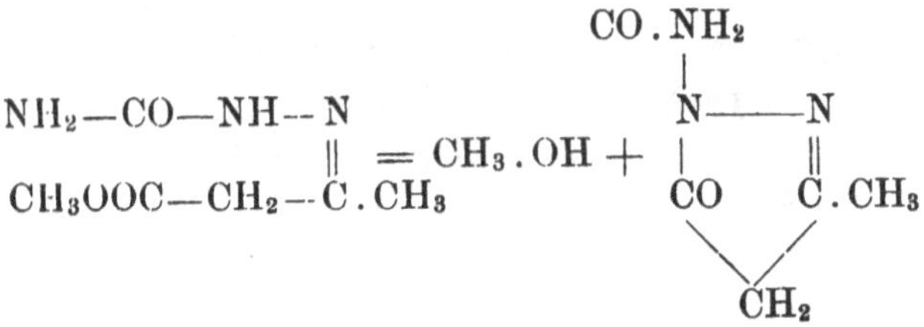

Das Methylpyrazoloncarbonamid gibt mit Eisenchlorid die Blaufärbung der Pyrazolonderivate und spaltet beim Erhitzen in wässriger Lösung leicht die Carbonamidgruppe ab unter Bildung von (3)-Methylpyrazolon.

### Methylacetessigsäureäthylester und Semicarbazid.

Dieser Acetessigester zeigt, wie schon in der Einleitung erwähnt wurde, eine bedeutend grössere Neigung zur Pyrazolonbildung wie der Acetessigsäuremethylester. Liess man die Lösungen des Esters und des Semicarbazids längere Zeit stehen, so resultierte bei der Krystallisation ein Körper, der schon die Pyrazolonreaktion mit Eisenchlorid zeigte. Vereinigte man die Lösungen unter schwachem Erwärmen, so erhielt man nach kurzer Zeit feinnadlige Kryställchen vom Schmp. ca. 180°, die, ohne Umkrystallisation analysiert, sehr annähernde Werte für ein Dimethylpyrazolon ergaben. Ein analysenreines Semicarbazon konnte auch bei Vermeidung von Wärmebildung nicht erhalten werden. Die Analysen ergaben nur annähernde Werte für das Semicarbazon; es war immer zu viel Stickstoff vorhanden. Durch Umkrystallisieren konnte das Semicarbazon nicht gereinigt werden, da es nur in der Hitze in Lösung ging und dabei unter Abspaltung von Alkohol, Kohlensäure und Ammoniak in das Pyrazolon überging.

Liess man das in der Kälte erhaltene Kondensationsprodukt vom Schmp. 122—124° einige Tage mit konzentriertem Ammoniak stehen, so erhielt man beim Verdunsten Krystalle. Der in kaltem Wasser schwer lösliche Körper zeigte deutlich die Pyrazolonreaktion, es trat mit Eisenchlorid blauviolette Färbung ein, die beim Erwärmen in Gelb umschlug.

### Darstellung des Esters $C_{13}H_{19}N_3O_5$.

Man löst 30 g Diacetbernsteinsäurediäthylester in 75 ccm Eisessig und gibt zu der auf etwa 50° erwärmten Lösung die wässerige Lösung von 13 g salzsauren Semicarbazid + 16 g Natriumacetat in 50 ccm Wasser. Nach wenigen Minuten erstarrt die Flüssigkeit zu einem Krystallbrei, der aus sehr feinen verfilzten Nädelchen besteht. Nach vollkommenem Wegwaschen der Essigsäure mit Wasser hat man analysenreine Substanz. Der Schmelzpunkt bleibt bei 207° konstant. Die Ausbeute ist quantitativ.

### Darstellung der Säure $C_9H_{11}N_3O_5$.

Man erwärmt den Ester auf dem Wasserbad mit methylalkoholischem Kali, bis die Abscheidung des Kaliumsalzes der Säure, das den Zersetzungspunkt 247° hat, erfolgt. Dann gibt man unter nochmaligem Erwärmen Methylalkohol zu, um etwa nicht verseiften Ester zu lösen, und filtrirt. Aus dem in Wasser gelösten Rückstand scheidet man die Säure mit verdünnter Salzsäure aus. Der Niederschlag hat den Schmp. 241° und ist löslich in viel heissem Wasser, in Alkohol, Eisessig, Nitrobenzol; unlöslich in Äther, Benzol, Toluol, Äthylenbromid und vielen Solventien. Die Ausbeute ist nahezu quantitativ.

Analyse:

0,1633 g Substanz ergaben 0,2667 g $CO_2$ entsprechend 0,7273636 g C und 0,0664 g $H_2O$ entsprechend 0,0073777 g H; 0,1250 g ergaben bei $t = 11,5°$ und $b = 725,5''$ 19,2 ccm N.

| Berechnet für $C_9H_{11}N_3O_5$: | | Gefunden: |
|---|---|---|
| C | 44,81 % | 44,54 % |
| H | 4,56 | 4,52 |
| N | 17,42 | 17,45 |

Die Säure bildet viele Salze.

In der Einleitung habe ich für das bei der Kondensation von Diacetbernsteinsäureester mit Semicarbazid entstehende Produkt zwei Formeln als möglich angeführt. Hier werde ich nur die mir wahrscheinlichere wiedergeben. Der Verlauf der Reaktion dürfte sich demnach wie folgt darstellen lassen:

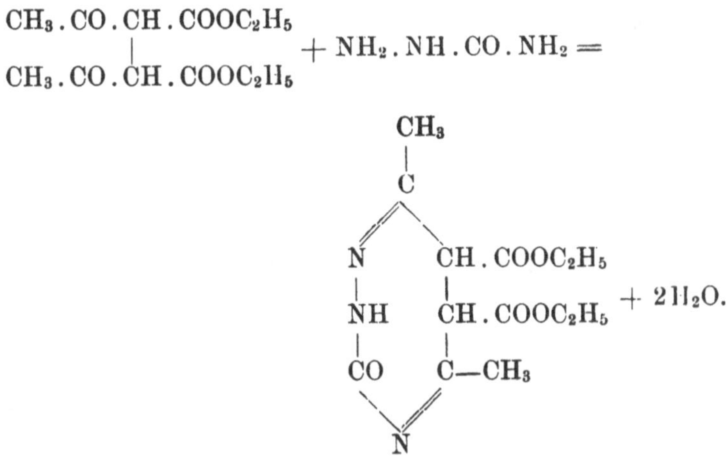

Aus diesem Ester wurde durch Behandeln mit Salzsäure der Ester einer einbasischen Säure von der Zusammensetzung $C_{10}H_{15}N_3O_3$ dargestellt. Gute Ausbeuten erhält man bei Anwendung folgender Mengenverhältnisse:

Man löst 10 g des Esters in 25 ccm reiner konzentrierter Salzsäure und erwärmt vorsichtig auf dem Wasserbad. Die Flüssigkeit färbt sich gelb und es wird Kohlensäure frei. Sowie an der Oberfläche der Flüssigkeit Krystallbildung beginnt, unterbricht man das Erwärmen. Beim Schütteln erhält man sofort einen Krystallbrei vom Schmp. 221—222°. Nach der Krystallisation aus Alkohol blieb der Schmp. 225—226° konstant.

Analyse:

0,2393 g Substanz ergaben 0,4667 g $CO_2$ entsprechend 0,12728 g C und 0,1473 g $H_2O$ entsprechend 0,016366 g H; 0,2208 g ergaben bei t = 13° und b = 697″ 37,9 ccm N.

| Berechnet für $C_{10}H_{15}N_3O_3$: | | Gefunden: |
|---|---|---|
| C | 53,33 % | 53,19 % |
| H | 6,66 | 6,83 |
| N | 18,66 | 18,57 |

Es ist also bei der Reaktion ein Molekül Alkohol und ein Molekül Kohlensäure abgespalten worden unter Bildung des Esters einer einbasischen Säure:

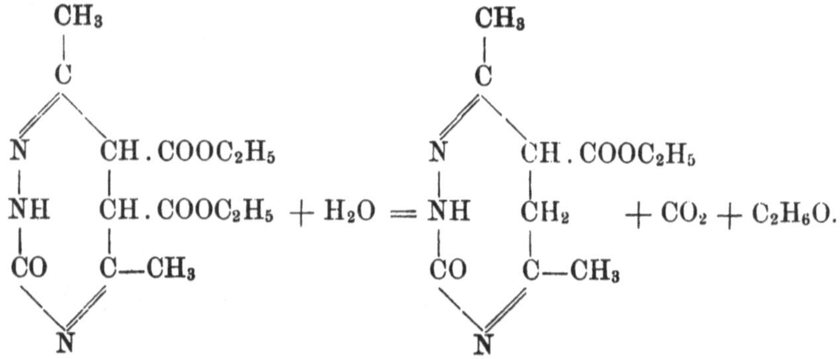

Wie schon im theoretischen Teil erwähnt wurde, kann natürlich auch das andere Carboxyl ausgetreten sein. Der Versuch, das zweite Carboxyl abzuspalten, gelang nicht. Bei weiterem Behandeln mit Salzsäure sowohl des ursprünglichen, sowie auch des neuentstandenen Esters ging die Spaltung zu weit. Man erhielt beim Erkalten der sich immer dunkler färbenden Lösung in der Hauptsache Salmiak, der verunreinigt war durch Spuren einer wasserlöslichen, enorm leicht oxydablen Substanz. Der verunreinigte Salmiak färbte sich, so lange Spuren Salzsäure an ihm hafteten, an der Luft blau. Er reduzierte in wässriger Lösung Fehling'sche Lösung, ammoniakalische Silbernitratlösung, Eisenchlorid und andere schon in der Kälte energisch. Der reduzierende Bestandteil des Salmiaks konnte nicht isoliert werden.

Das salzsaure Filtrat von obigen Salmiakkrystallen gibt beim Neutralisieren mit Alkalien einen gelben amorphen Niederschlag, der wasserunlöslich ist. In verdünnten Mineralsäuren löst er sich mit weinroter Farbe und lässt sich aus der Lösung mit Alkalien wieder abscheiden. Er fängt an sich zu zersetzen bei 140°, entwickelt bei 185° violette, jodfarbene Dämpfe und schmilzt bei 192° zu einer zähen, dunklen Flüssigkeit zusammen. Auch dieser Körper färbt sich an der Luft tiefblau, wenn er nur geringe Spuren Säure enthält. Der Körper konnte trotz Krystallisation aus Alkohol oder Lösen in Säuren und Wiederausfällen mit Alkalien zu keinem konstanten Schmelzpunkt gebracht werden. Verschiedene Analysen mit dem vorliegenden Material führten zu Resultaten, die keinen Anhaltspunkt für die Zusammensetzung der Substanz gaben.

Auch von der zweibasischen Säure ausgehend konnte man durch Behandlung mit Säuren zu keinem Resultat gelangen.

Versuche, den ursprünglichen Ester mit konzentriertem Ätzkali zu spalten, führten beim Behandeln in der Kälte schliesslich zu der entsprechenden zweibasischen Säure $C_9H_{11}N_3O_5$; beim Behandeln in der Hitze ging die Zersetzung zu weit.

Bei sehr langem Kochen mit verdünnter Salzsäure unter Rückfluss kam man zu demselben Ergebnis wie mit konzentrierter Salzsäure. Bei Neutralisation der Lösung wurde der gelbe amorphe Körper erhalten.

Beim Einleiten von Salzsäuregas in die alkoholische Lösung des Esters, unter gleichzeitiger Erwärmung auf dem Wasserbad, trat teilweise Verseifung ein. Offenbar kam es dabei zu einem Gleichgewichtszustand, indem die entstehende Säure wieder rückwärts esterifiziert wurde.

Beim Einleiten von salpetriger Säure in die Lösung des Esters in Eisessig färbte sich diese gelb. Dann trat starke Gasentwicklung ein, indem die Flüssigkeit sich tiefgrün färbte. Beim Stehenlassen schlug die Färbung in Orangerot um. Beim Alkalisieren schied sich ein rotes schweres Öl ab, das mit Leichtigkeit in Alkohol oder Aether geht. An der Luft verharzt es leicht.

Beim Einleiten von salpetriger Säure in die Suspension des Esters in Wasser fand auch allmähliche Gasentwicklung statt, indem sich das Zersetzungsprodukt als rotes zähflüssiges Öl abschied.

Es wurde nun eine Probe mit verdünnter Salpetersäure auf dem Wasserbad erwärmt. Der Ester löste sich mit gelbroter Farbe auf, es trat Gasentwicklung ein, und unter plötzlicher explosionsartiger Reaktion schied sich ein rotes Öl ab, das offenbar dasselbe ist wie das bei der Einwirkung von salpetriger Säure erhaltene. Der Vorgang der Reaktion scheint also in beiden Fällen eine Oxydation durch Salpetersäure zu sein. Das Reaktionsprodukt wurde vorerst nicht weiter untersucht.

Erhitzte man den Ester, mit Kalkpulver gemischt, im Reagiercylinder, so wurde Ammoniak frei und ein mit Salzsäure befeuchteter Fichtenspan wurde rot gefärbt.

Da man letztere Reaktion nicht als Beweis dafür ansehen kann, dass wirklich ein Pyrrolderivat vorliegt, so muss die Frage über die Konstitution des Kondensationsproduktes von Diacetbernsteinsäurediäthylester mit Semicarbazid noch offen gelassen werden. Vielleicht bietet die trockene Destillation auch hier wieder einen Weg, dem Ziele einen Schritt näher zu kommen.

FSC
www.fsc.org
MIX
Papier | Fördert gute Waldnutzung
FSC® C083411

Zeitfracht Medien GmbH
Ferdinand-Jühlke-Straße 7
99095 Erfurt, Deutschland
produktsicherheit@kolibri360.de